杨静 主编

U0388245

金牌月子餐

黑龙江科学技术出版社
HEILONGJIANG SCIENCE AND TECHNOLOGY PRESS

图书在版编目（CIP）数据

金牌月子餐 / 杨静主编. -- 哈尔滨 : 黑龙江科学技术出版社, 2017.11
ISBN 978-7-5388-9324-3

Ⅰ. ①金… Ⅱ. ①杨… Ⅲ. ①产妇－妇幼保健－食谱
Ⅳ. ①TS972.164

中国版本图书馆 CIP 数据核字（2017）第 187815 号

金牌月子餐
JINPAI YUEZI CAN

主　　编　杨　静
责任编辑　徐　洋
摄影摄像　深圳市金版文化发展股份有限公司
策划编辑　深圳市金版文化发展股份有限公司
封面设计　深圳市金版文化发展股份有限公司
出　　版　黑龙江科学技术出版社
　　　　　地址：哈尔滨市南岗区公安街 70-2 号　邮编：150007
　　　　　电话：(0451)53642106　　传真：(0451)53642143
　　　　　网址：www.lkcbs.cn　　www.lkpub.cn
发　　行　全国新华书店
印　　刷　深圳市雅佳图印刷有限公司
开　　本　723 mm×1020 mm　1/16
印　　张　10.5
字　　数　100 千字
版　　次　2017 年 11 月第 1 版
印　　次　2017 年 11 月第 1 次印刷
书　　号　ISBN 978-7-5388-9324-3
定　　价　29.80 元

目录 CONTENES

Chapter 1
这样坐月子，幸福一辈子

Chapter 2
产后 1~2 周，化瘀排毒补元气

Chapter 3
产后 3~4 周，补肾养血壮体质

Chapter 4
产后 5~6 周，美容瘦身催母乳

Chapter 5
产后疾病与不适调养

Chapter 1 这样坐月子，幸福一辈子

坐月子是女性产后身体健康的重要转折点。

月子怎么坐，才能真正达到产后调养的目的，使身体恢复到良好状态?

本章教给你科学坐月子的秘方，产后幸福，从这里起航!

坐月子——女人分娩后的必经之路

经过辛苦的怀孕和艰难的分娩，终于听到宝宝的第一声啼哭的这一刻，新手妈妈们的任务就完成了吗？其实不然，另一个充满挑战与未知的旅程——育儿——才刚刚开始。产后坐月子就是这个旅程的起点。

什么是坐月子

坐月子可以追溯到西汉《礼记内则》，称之为“月内”，距今已有两千多年的历史，是产后必需的仪式性行为。现代医学认为，产后女性的生殖系统、内分泌系统、消化系统、循环系统、呼吸系统、泌尿系统、神经系统等都发生了重大变化，各个系统都需要调整和恢复；中医认为产后女性的身体处在“血不足，气亦虚”的状态，需要一段时间的调补。这段时间大约需要42天，就叫作“坐月子”。从社会学和医学的角度来看，坐月子是协助产妇顺利渡过人生生理和心理转折点的关键时期。

月子坐得好，产后没烦恼

坐月子虽然不能直接治疗任何疾病，但却是女性身体健康的一个重要转折点。坐月子是一个产后妈妈整个身心得到综合调养和恢复的过程。月子期女性生殖系统、内分泌系统、心理如果得不到及时、科学的调养与修复，会留下一系列严重的后遗症。

产前，孕妇为胎儿生长发育提供所需要的营养，母体的各个系统都会发生一系列的适应性变化。子宫肌细胞肥大、增殖、变长，心脏负担增大，肺脏负担也随之加重，妊娠期肾脏也略有增大，输尿管增粗，肌张力减低，蠕动减弱。其他方面，如皮肤、骨、关节、韧带等，都会发生相应改变。

产后胎儿娩出，母体器官又会恢复到产前的状态。子宫、会阴、阴道的创口会愈合，子宫缩小，膈肌下降，心脏复原，松弛的皮肤、关节、韧带会恢复正常。这些器官的形态、位置和功能能否复原，就取决于产妇在坐月子时的调养保健。若养护得当，则恢复较快，且无后患；若稍有不慎，调养失宜，则恢复较慢，且容易落下病根。

坐月子之前，你应该了解这些

明确了坐月子的重要性，在真正进入正题之前，您还有必要了解一下与之相关的知识。坐月子需要准备些什么东西？新手妈妈的身体在月子期内会有什么变化？哪些生理现象属于正常的反应？

准备工作足，月子轻松坐

由于宝宝刚出生的几天是在医院度过的，有医护人员护理宝宝，新手爸妈们往往会忽视新手妈妈出院时的准备工作。其实，出院准备和入院准备一样重要。顺产的新手妈妈一般需要住院 3 ~ 5 天，会阴侧切和剖宫产的新手妈妈需要住院 5 ~ 7 天。出院前，新手爸爸和新手妈妈应该尽量把回家前的准备工作做好，需要咨询的内容要及时咨询医护人员。

1. 详细咨询医护人员有关育儿方面的知识：如何抱宝宝、如何哺乳、如何给宝宝洗澡、如何给宝宝穿衣服、如何护理脐带、如何观察黄疸等。
2. 提前准备好出院时新手妈妈的衣物，尤其需要注意的是新手妈妈的头部、颈部和足部的保暖。
3. 包宝宝的被子也要提前准备好，以防宝宝着凉，最好选用纯棉面料的小被子。
4. 准备好宝宝的其他用品：配方奶粉、专用奶瓶、内衣、外套、尿布、小毛巾、围嘴、宝宝香皂、爽身粉等。
5. 新手妈妈和宝宝出院前，需要经过医生检查，医生同意后方可出院。此时新手妈妈可以就自己的身体以及宝宝的身体情况咨询医生。
6. 新手爸爸一般要提前在家中准备好舒适、温暖的卧室和新生儿的小床。
7. 安排好坐月子期间的家庭运转方式，安排专门的人来照顾产妇和新生儿。有条件的话，找一位合适的月嫂，或者选择月子中心来提供服务。

做好以上这些充足的准备，新手妈妈就可以轻轻松松坐月子了。

月子期母体的生理变化

在月子期里，乳房要泌乳，子宫要复原，身体各个系统都要逐渐恢复正常状态，血液浓缩，出汗增多，尿量增多。这一时期，新手妈妈身体要经历一系列的生理变化，其特点如下：

全身状况

一般情况下，产后体温在正常范围内有所升高。产后第一天略升高，与分娩过程有关，但一般不超过38℃。在产后的3~4天，乳房开始充盈，血管扩张，产妇会感觉乳房胀痛，局部皮肤发热，也会引起体温短时间内升高，但不会持续太长时间。产后脉搏比平时稍微慢些，呼吸略深。产后血压变化不大，较稳定。

子宫

子宫在分娩结束时就已收缩到脐部以下，在腹部可以触摸到子宫体，又圆又硬，以后逐渐恢复到非妊娠期大小。宫底平均每天下降 1~2 厘米，产后 10 天左右子宫降入骨盆腔内，真正恢复到正常大小大约需要 6 周时间。这个过程中子宫不断收缩，最明显的感觉就是阵发性的腹痛。经产妇的腹痛比较明显。另外，子宫内膜会经历一个重建的过程。产后 2~3 天，残留的蜕膜开始分化成两层，表层会坏死，随恶露排出。底蜕膜是重建子宫内膜的来源，第 7~10 天可以恢复到接近未怀孕时的状态。除了胎盘所在处以外，完全重建需要 2~3 个星期。

子宫颈

子宫颈产后会渐渐闭合，第 4~6 天时约剩 2 指宽，到第 10~14 天时，开口剩不到 1 厘米。子宫颈腺体的增生也渐渐地退化，约到第 6 周的时候可恢复到怀孕之前的状态。

阴道

生产时，阴道会较为松弛、宽阔，产后逐渐复原，但很少能完全回到未生产前的状态。约3周后阴道折皱便会恢复。阴道及会阴的裂伤也会逐渐复原，整个恢复过程大约需要6周时间。

输卵管

产后输卵管内细胞数目及体积都减少，6~8 周后，会恢复到未怀孕时的状态。

月子期有这些生理现象，不必担心

新手妈妈在月子期里会有一些特殊的生理现象出现，如恶露、多汗、便秘等，这些都属于正常的现象，只需好好养护，不必担心。

恶露

恶露是指产后从阴道流出的排泄物，主要由血液、脱落的子宫蜕膜组织、黏液组成。正常情况下，在产后1周内，恶露为鲜红色，量比较多；到了第2周，血量逐渐减少，恶露为淡红色。以后逐渐变成淡黄色、黏稠状，量更少。产后3~4周基本干净。恶露有血腥味，但不应该有臭味。

起床会头晕

产妇突然起床下地时常常会有头晕的现象，这主要是由头部缺血造成的。产妇身体一般都比较虚弱，加之长时间卧床，不适应突然的直立状态，就会出现晕厥。若产后出血较多，则更容易出现头晕的症状。一旦发生晕厥，不要惊慌，应立即让产妇平躺，休息一会儿就可恢复，无须特别处理。

出汗多

产妇分娩后总是比正常人出汗多，以夜间睡眠时和初醒时更加明显，一般产后头三天最显著，大多在产后1周内好转。这属于正常的生理现象，因为妊娠期体内聚积了很多水分，产妇皮肤的排泄功能变得比较旺盛，以便将妊娠期间积聚在体内的水分通过皮肤排出体外。所以，产后汗多不是病态，不必担心，但应加强护理。

便秘和小便困难

产妇产后腹部压力降低，肠蠕动减慢，且活动较少，容易发生便秘。分娩时，胎儿头部压迫膀胱时间较长，产后腹腔压力有所改变，使膀胱收缩力变差；加上经阴道分娩后，膀胱受到胎儿通过的压力，以及尿道周围组织肿胀、瘀血、血肿或会阴切口的影响，使产妇对膀胱胀满的敏感度降低，容易造成排尿困难。这也是正常的现象。

这样做，“月”坐“月”美

月子里的日常护理和恢复对产后的新手妈妈来说非常重要，因为这关系着新手妈妈后半辈子的健康和幸福。新手妈妈们只要注意细节，好好调养，就能坐一个轻松、健康的月子，重现往日的美丽风采。

月子调养，以食为先

刚刚经历了分娩的新手妈妈们身体十分虚弱，急需通过饮食调理，将身体虚耗的能量补回来。但是吃什么、怎么吃可是大有讲究的。

保持饮食多样化

因为新手妈妈产后身体的恢复和宝宝营养的摄取均需大量各类营养成分，新手妈妈千万不要偏食和挑食，要讲究粗细搭配和荤素搭配等，这样既可以保证各种营养的摄取，还可以提高食物的营养价值，对新手妈妈身体的恢复很有益处。

产后饮食要适度

产后过量的饮食，会让新手妈妈体重增加，对于产后的恢复并无益处。母乳喂养时，如果宝宝对乳汁需求量大，食量可以比孕期稍增，但最多增加1/5的量；如果乳汁正好够宝宝吃，则与孕期等量；如果没有奶水或者不能母乳喂养的新手妈妈，食量和非孕期差不多就可以。

清淡饮食防水肿

新手妈妈在月子里的饮食要清淡，应尽量少吃盐，避免过多的盐分使水分滞留在身体里，造成水肿。口重的新手妈妈，应该提高警惕，饮食中尽量不要有腌制的食物。可以把家里的钠盐换成钾盐，因为钾盐的口味比钠盐稍微重一些，既能保证食物的口感，又不会让新手妈妈摄入过多的盐分。

蔬菜水果不能少

新鲜蔬果中富含维生素、矿物质、果胶及足量的膳食纤维，这些食物既可增加食欲、防止便秘、促进乳汁分泌，还可为新手妈妈提供必需的营养素。因此，认为产后应禁吃或少吃蔬果的观念是错误的。但要注意，经冷藏的水果要放至常温或用温水泡一会儿再吃。

日常生活细节调养

除了饮食调整，新手妈妈在月子期间还需要注意生活细节。只有注意生活细节，才能真正坐好月子、养好身体，恢复美丽和健康。

保证睡眠时间

生完宝宝后，新手妈妈有很多新的任务要完成，如喂奶、换尿布、哄宝宝睡觉……有调查显示，超过40%的新手妈妈会出现睡眠问题。为了自己和宝宝的身体健康，新手妈妈必需每天保证8~9个小时的睡眠。

根据宝宝的生活规律来休息

一般情况下，新生儿每天大概要睡15个小时，而新手妈妈至少要睡8个小时。因此，新手妈妈要根据宝宝的生活规律调整休息时间，当宝宝睡觉时，不管是什么时间，只要感到疲劳，都可以躺下来休息。不要小看这短短的休息时间，它会让你保持充足的精力。

“清空”乳房防胀奶

如果胀奶的时间很长，宝宝又吸不出奶时，新手妈妈可以用吸奶器及时吸空乳房，防止乳汁积聚而引发乳房不适甚至乳腺炎。也可以试试站着洗个热水浴，帮助“清空”乳房。

月子里不要碰冷水

新手妈妈全身骨骼松弛，如果冷风、冷水侵袭到骨头，很可能落下“月子病”。因此，月子里不要碰冷水，即使在夏天，洗东西仍然应该用温水。另外，开冰箱这样的事情，也应该请家人代劳。

注意腰部保暖

新手妈妈平时应注意腰部保暖，特别是天气变化时要及时添加衣物，避免受冷风吹袭，防止腰部疼痛。可以用旧衣服制作一个简单的护腰，最好以棉絮填充，并且在腰带部位缝几排纽扣，以便随时调整松紧。护腰不要系得太松，也不要系得太紧，太松会显得臃肿、碍事，也不能起到很好的防护和保暖作用；太紧会影响到腰部血液循环。

心理护理与精神调养

产后新手妈妈的功能状态，如躯体功能、社会功能和活力等，处于明显低水平状态，加之担心宝宝的健康、对母亲角色的不适应等，各种刺激都可能引起新手妈妈产后心理异常，出现产后莫名的低落情绪。不良的情绪只有主动调节才能被消除，所以，新手妈妈要有主动调节情绪的自觉性，家人也要多关心新手妈妈，分担她的压力，给予她支持和鼓励。

1. 要学会寻求丈夫、家人的帮助。新手妈妈在感到厌倦、疲劳的时候，可以把宝宝交给信赖的人照顾几个小时，自己出去走走，会会朋友或看场电影，让自己放松、休息一下，以缓解紧张、焦虑的情绪。

2. 学会自我心理调适。缓解压力、培养好情绪的方法有很多种，新手妈妈可以根据自己的喜好，选择适合自己的调适方式。可以试着播放一些舒缓的音乐，或是观看喜剧等，使心情放松下来。

3. 适当地宣泄情绪。无论高兴还是悲哀，情绪都需要宣泄，尤其在感觉压抑的时候。所以，新手妈妈如果有不良的情绪，要及时宣泄出来，不要让坏情绪累积，以避免产后抑郁。

户外运动与产后修复

产妇想要恢复体形，应该在分娩后进行必要的身体锻炼。受传统观念影响，很多妇女认为月子期间必须静养，过早进行体育锻炼会伤身体。其实，产后进行适当活动，身体才能较快恢复。只要身体允许，产妇产后当天就应下床适当活动。

如觉得体力较差，下床前先在床上坐一会儿。若不觉得头晕、眼花，可由护士或者家属协助下床活动，以后再逐渐增加活动量，从在走廊、卧室中慢慢行走，逐渐延伸至户外。在户外散步是一种很好的锻炼方式，可在天气晴朗且无风的时候，试着在户外散步，行走速度要缓慢，不要使心跳加速，只需感觉血液循环加快就行了。散步的时长从10分钟开始，逐渐延长到15分钟，然后是30分钟，这样逐渐加大运动量。不过千万不要太勉强，以精神愉快、不过度劳累为限。

产后检查与注意事项

一般来说，生完小孩42天之后，新手妈妈要带着宝宝去医院做一次检查。这次产后检查对新手妈妈来说非常重要，它能及时了解新手妈妈身体恢复情况，发现产后疾病的苗头，同时还能就新手妈妈饮食、睡眠、母乳喂养、身体恢复等问题提供指导。

产后检查的主要项目如下：

【乳房检查】检查乳汁分泌是否正常，乳房是否有肿块、压痛，乳头是否有皲裂等。

【子宫检查】了解子宫恢复情况、子宫内膜的情况。

【测量血压】不论妊娠期的血压是否正常，产后检查都应该测量血压。注意在测量血压时，新手妈妈应该处于相对平静的状态。

【血、尿常规】患妊娠高血压的产妇要做尿常规检查；对妊娠合并贫血及产后出血的产妇要复查血常规。注意，如果血压或血糖不正常，医生会要求1~2周内复查，新手妈妈不要怕麻烦，要及时复查。

【盆腔器官检查】这是产后42天检查中衡量新手妈妈产后复旧情况的一项重要检查，包括检查子宫、阴道分泌物、子宫颈、会阴恢复或疤痕恢复、妇科炎症等。

产后特殊部位的护理

会阴

会阴部最好每天进行1~2次清洁。应该用温开水，不能用冷水与热水掺和，因为冷水没有经过高温杀毒，可能有细菌。清洁时，用干净的毛巾从前往后进行擦洗。所使用的毛巾、水盆要专用，用完后要消毒、清洗干净。

乳房

产后乳房开始分泌乳汁，加上自身排出的汗液可能会在乳头周围形成一层垢痂，在第一次哺乳前新手妈妈应先清洗乳房。用清洁的植物油涂在乳头上，等乳头的垢痂变软后，用碱性的肥皂水清洗。再用温水擦洗乳房、乳头及乳晕。每次哺乳时要采用正确的姿势，在哺乳完成后，最好用温水将乳头、乳晕及其周围擦洗干净，保证乳房的清洁。

子宫

为了使子宫更好地收缩、排空，可以采取按摩或者服用生化汤等方式，从而起到辅助子宫恢复的作用。

特殊妈妈的产后护理

月子期里的新手妈妈需要加倍呵护，对于一些特殊的新手妈妈来说更是如此。

剖宫产新手妈妈的护理。这一类产妇要注意尽量少用镇痛药物，要做好一定的思想准备，忍耐疼痛。同时，由于手术对肠道的刺激和麻醉药的影响，剖宫产妈妈容易产生肠胀气，这时要多做翻身动作，以便肠内气体尽早排出，解除腹胀。另外，剖宫产妈妈宜采取半卧位，配合多翻身，促使恶露排出，促进子宫恢复。

高龄产妇的护理。女人30岁后新陈代谢开始变慢，高龄产妇产后身体的恢复较年轻产妇要慢一些，更需精心调养。但这并不是说高龄产妇要在床上躺一个月，而是要在身体条件允许的情况下，多下床运动，这样可促进肠蠕动，减少肠粘连、便秘及尿潴留的发生。高龄妇女产后很虚弱，一定要吃些补血的食物，但不能吃红参等大补之物，以防虚不受补。比较适合的是桂圆、乌鸡等温补之物。

新手爸爸也要参与坐月子

女性分娩之后，身体和心理都发生了很大变化，新手爸爸应该对这些变化有足够的了解，尽可能地参与坐月子，尽自己最大的努力使妻子身心得到放松。

首先，要注重夫妻间的感情交流。丈夫一句温暖、体贴的话语有时候比什么都重要。然后，新手爸爸要给妻子创造一个清洁舒适的环境。在添置了儿童床、婴儿车、学步车及各种玩具之后，家几乎变成了仓库。因此，更要把家整理得干净利索。每天早上起床之后，新手爸爸应该打开门窗通风透气，使室内空气保持清新。新手妈妈在月子里经常出汗，换下了很多衣服，再加上宝宝的脏衣服，新手爸爸尽量当天就洗干净，避免待洗的衣物堆放在卧室里滋生细菌。

坐月子 Q&A

除了前期的准备工作和具体的生活调理外，在坐月子的过程中，你一定还有很多其他问题想要了解，在这里我们精选了几个典型的问题，为你做出详细的解答，希望通过我们的讲解，让你明明白白坐月子，轻轻松松养身体!

产后皮肤怎么保养

产后皮肤的保养关系到新手妈妈的美丽和健康。无论是祛斑祛痘、保湿美白，还是减少妊娠纹，这里面大有学问，新手妈妈要好好学习并运用，将自己打造成魅力俏妈咪。

保持良好心态和充足睡眠

产妇每天都要保持愉悦的心情，不可过于急躁或忧郁，并保证充足、优质的睡眠。良好的情绪和充足的睡眠有助于调节内分泌，促进皮肤的新陈代谢。

注意日常饮食

平时可以多吃一些富含维生素C、维生素E及胶原蛋白的食物，如柠檬、西红柿、猪脚、芝麻、核桃、瘦肉、牛奶、银耳等。维生素C可以抑制体内的代谢废物转化为有色物质，从而减少黑色素的产生；维生素E能促进血液循环；胶原蛋白则能补充皮肤流失的营养，起到保湿、增强皮肤弹性等作用。另外，要少吃辛辣刺激的食物，忌烟酒，不喝过浓的咖啡和色素饮料。

经常为皮肤做SPA

产后经常为皮肤做SPA，在彻底清洁表层皮肤的同时，能清除皮肤深层的垃圾，并使紧张的神经得以放松。通过适度按摩还可以促进新陈代谢，减少皱纹的产生。

选择合适的护肤品

合适的护肤品能在皮肤保养上起到事半功倍的效果，产后除了选择日常护肤品外，新手妈妈可以到母婴专卖店选购妊娠纹修复产品，淡化妊娠纹，保养皮肤。另外，也可以在家自制天然护肤品，如黄瓜面膜、蜂蜜眼膜等，既健康又环保。

月子期间需要使用腹带吗

对于一般的产妇来说，分娩后由于身体虚弱，体内各韧带弹性无法立即恢复，很容易产生肌肉及内脏下垂，包括胃、肾、肝脏及子宫下垂。在顺产后第二天开始使用腹带，对产后腹肌的回缩，骨盆、子宫的恢复都有很好的帮助。尤其对于剖宫产的产妇而言，手术后第7天开始使用腹带，还可以有效止血，促进伤口愈合。

选择腹带时以纯棉布、无弹性、分段束缚者为佳。每餐饭后半小时，或排尿之后绑上，就寝前取下。每天使用时长不超过12小时，且每2小时解开腹带，让腰腹部放松一会儿。

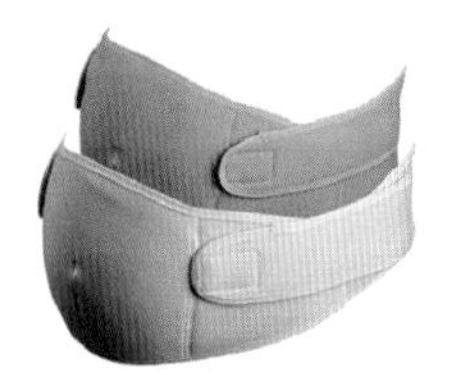

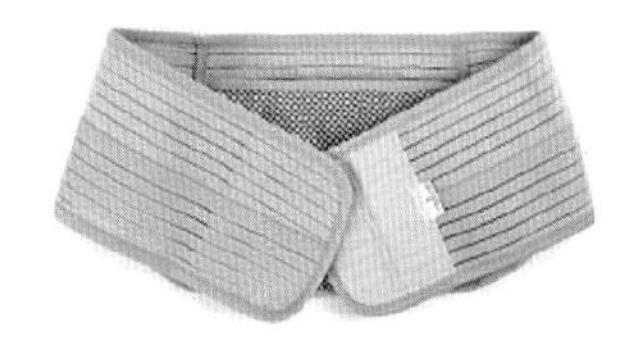

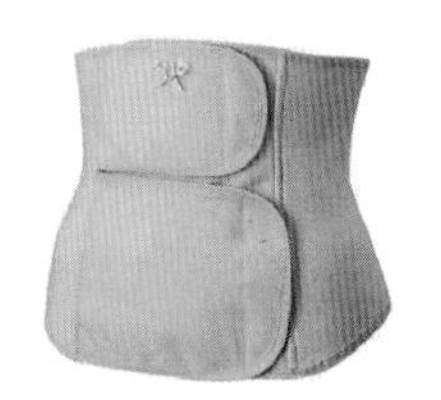

具体的腹带绑法如下：仰卧，屈膝，将脚底平放在床上，臀部抬高；双手放到下腹部，手心向前，将肌肉和内脏往心脏处推；然后将腹带从髋部耻骨处开始缠绕，前5~7圈重点在下腹部重复缠绕，每绕一圈半斜折一次；7圈之后，每绕一圈挪高大约2厘米，螺旋状往上环绕，直至盖过肚脐，再用别针固定。拆下时，边拆边将腹带卷成圆筒状，方便下次使用。

在绑腹带时要注意，不要绑得过紧，否则会使腹压升高，盆底支持组织和韧带的支撑力下降，从而造成子宫脱垂、阴道膨出、尿失禁等症状，并易诱发盆腔静脉瘀血症、盆腔炎、附件炎等妇科疾病，危害新手妈妈的健康。腹带使用时间不宜过长，最长不超过6周，正常分娩的产妇，应加强锻炼，经常做产妇操等，不宜长期依赖腹带的使用。剖宫产的产妇，在腹部拆线后，也不宜长期绑腹带。身体过瘦或内脏器官有下垂症状者，待脏器复位后应及时取下腹带，避免长期使用腹带造成血脉不畅，引发下肢静脉曲张、腰肌劳损等，得不偿失。

对哺乳的新手妈妈来说，使用腹带束缚，可能会使胃肠蠕动减慢，影响食欲，造成营养失调，乳汁分泌减少。因此，腹带的使用应该因人而异，不必强求。

月子里可以洗头、梳头吗

老一辈的习俗认为，月子里不能洗头，否则会受风寒侵袭，使产妇头痛等，这种说法是欠妥的。产后新手妈妈的新陈代谢较快，汗液增多，会使头皮和头发更易变脏，因此，保持个人卫生非常重要。其实，不管是在哪个季节坐月子，如果伤口愈合良好，产妇是可以洗头的。正确洗头可以促进头皮的血液循环，增加头发生长所需要的营养物质，使头发更浓密、更亮，同时还能避免脱发、发丝断裂或分叉。建议洗头时使用温水，以37℃为宜，选用性质温和的洗发水，洗完后及时擦拭，先用干毛巾包一下，再用吹风机吹干，避免着凉感冒。

月子里也是可以梳头的，合理梳头能刺激头皮的血液良性循环，增加毛囊的营养供应，使头发长得更好，还能防止产后脱发等。要注意梳子的梳齿不要过于尖利，最好选用牛角梳，牛角本身就是一种中药，具有一定的保健作用。且牛角梳坚固而不易变形，梳齿排列均匀、整齐，间隔宽窄合适，不疏不密，梳齿的尖端比较钝圆，梳头时不易损伤头皮。另外，早晚各梳一次头发，能使心情更畅快、发质更好。

月子里多吃鸡蛋对身体好吗

有人认为，产妇分娩时会消耗大量体力，因此一定要补充足够的营养。鸡蛋属于良好的滋补食材之一，蛋白质含量高，脂肪含量低，适合月子期进食，可以恢复元气，因此大补特补。其实这是不对的，鸡蛋并非吃得越多越好。

新手妈妈产后的胃肠蠕动能力较差，胆汁排出会受到影响，如果过量食用鸡蛋，身体不但消化不了，还会影响肠道对其他食物营养素的吸收。而鸡蛋中含有的蛋白质如果在胃肠道内停留时间较长，容易引起腹胀、便秘等问题，对身体健康反而不利，因此，月子里新手妈妈要适量摄取鸡蛋，一天吃2~3个就够了。

产后不宜立即喝母鸡汤吗

炖一锅鲜美的母鸡汤，是很多家庭给新手妈妈准备的滋补品。其实，对于哺乳的新手妈妈来说，产后不宜立即喝母鸡汤，因为老母鸡的卵巢和蛋衣中含有一定量的雌激素，新手妈妈食用后，血液中的雌激素浓度增加，会抑制体内的催乳素发挥作用，进而导致乳汁不足，甚至完全回奶。相反，公鸡体内所含的雄激素能对抗雌激素，能促进乳汁分泌，新手妈妈产后可以选择清炖公鸡汤。但是喝公鸡汤也有讲究，要在乳房通畅的前提下喝，并且注意尽量减少汤中脂肪，可选用去皮公鸡煲汤，也不可大量服用，以免增加脏器负担，导致乳汁瘀滞。

产后红糖怎么吃

习惯上认为产后喝红糖水有益于补养身体，促进子宫复位和恶露排出。其实，对于初产妇来说，产后10天，子宫收缩逐渐恢复正常，恶露排出量逐渐减少，如果过量食用红糖，其活血化瘀功效可能会使恶露增多，导致产妇慢性失血性贫血，而且会有损牙齿健康，还会影响子宫恢复。

月子里红糖的食用方法应该是以直接冲泡红糖水为主，也可将其加在水煮荷包蛋、糯米粥等甜点中食用。但切记不要食用太久，最好控制在7~10天。当新手妈妈产后血性恶露和浆性恶露转为白色恶露时，就不宜再食用红糖了，应多吃些营养丰富的食物，以促进身体更快恢复。

月子期可以吃巧克力吗

产后尤其是坐月子期间，最好不要吃巧克力。特别是对于哺乳新手妈妈来说，如果过多食用巧克力，其中所含有的可可碱会通过母乳进入宝宝体内，容易损伤宝宝的神经系统和心脏，并使其肌肉松弛，排尿量增加，导致宝宝消化不良、睡眠不安、哭闹不止。产妇多吃巧克力，也会影响自身的食欲，使身体发胖，影响产后恢复和身心健康。

多久可以恢复性生活

一般情况下，产妇在产后6~8周可以恢复性生活，切不可过早。这主要是因为分娩使阴道壁内膜变得很薄，子宫内部有裂伤，完全愈合需要3~4周，且分娩时开放的子宫口短期内也不能完全闭合。而且，无论是做会阴切开术的产妇还是剖宫产的产妇，其伤口大约需要6周才能复原，用力时才不会产生酸痛感。

如果子宫还没有完全关闭就过早开始过性生活，那么细菌就会趁机通过子宫口进入子宫，侵害母体，加之性生活的机械性刺激，会使尚未恢复的盆腔脏器充血，降低对疾病的抵抗力，引起生殖道炎症，如子宫肌炎、子宫内膜炎、急性盆腔结缔组织炎、急性输卵管炎以及败血症等。如果这些炎症得不到及时治疗，或治疗不彻底，就会形成慢性炎症，出现下腹、盆腔疼痛不适，严重时还会危及生命。特别是对于高危妊娠人群来说，更应注意把握产后性生活开始的时间和次数。

因此，专家建议产妇在产后42天到医院复诊，详细检查缝线有没有完全吸收、伤口是否愈合、子宫是否恢复到常态，以及排卵周期是否已经开始。做完这些检查之后，再听从医生的建议，决定是否恢复性生活。

什么时候才能恢复工作

一般的产妇经过6~8周的产褥期生活，身体基本能恢复到产前的良好状态，在得到医生许可后可以恢复工作。接受难产术或剖宫术者，产后10周左右可以恢复工作。

新手妈妈回到工作岗位后，要注意循序渐进，以平常心去对待工作，让身体逐渐适应。当感到较累或压力很大时，要及时进行自我调节，不可太勉强自己。也不要急于参加观光旅游等外出活动，这些活动应该在生产三个月以后进行，以免加重内脏器官下垂，影响产后身体恢复。

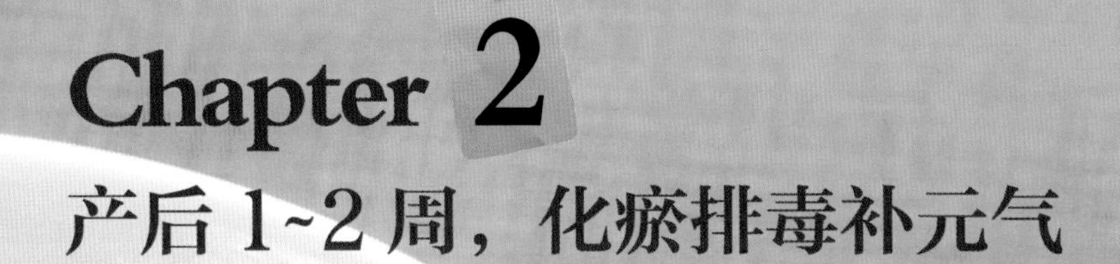

Chapter 2
产后 1~2 周，化瘀排毒补元气

刚生完小宝宝的你，此时是否感觉虚弱无力？

产后 1~2 周，是化瘀排毒，补益元气的好时机，

把握饮食原则，吃出元气满满的新手妈妈吧！

产后 1~2 周的饮食调养原则

生产过程中，新手妈妈的身体消耗极大，急需补充营养恢复体力。但新手妈妈产后身体极度虚弱，同时肠胃的蠕动减缓，对食物的消化与营养吸收功能尚未恢复，所以此时饮食要特别注意。产后第1周是排恶露的黄金时期，要以“排”为主，宜选择有利于排出恶露、废物、毒素的饮食。产后第2周要以“调”为主，尽量多食用补血食物，调理气血。

食物要松软、易消化

新手妈妈在生产时，体力严重透支，没有多余的力气来咀嚼过硬的食物，而且产后新手妈妈可能会出现牙齿松动的情况，食物过硬对牙齿极为不利。过硬的食物也不利于新手妈妈消化吸收，使其无法立即补充营养，恢复体力。所以，给新手妈妈准备的食物应以易消化的为主，煮饭时应煮得软一些。

坚持少量多餐的饮食原则

孕期新手妈妈的体重已经增长不少，产后不应大吃大喝，每顿饭保持在七成饱即可，一天可吃5~6顿，千万不可因饮食过量而使体重进一步增加，造成产后恢复困难。而且，要坚持少量多餐的原则，促进食物的消化吸收，使新手妈妈既能补充足够的营养，又能减轻肠胃的负担。

适当吃促进乳汁分泌的食物

产后新手妈妈的泌乳激素处于旺盛期，母乳的营养价值极高，新手妈妈从第2周开始可以吃一些能够促进乳汁分泌的食物，使宝宝能喝到营养充足的母乳。母乳充足的要诀在于水和蛋白质的摄取，可用鸡、鸭、鱼等煲汤，新手妈妈食用时要汤与肉同吃，这样既增加营养，又可促进乳汁分泌。

饮食要清淡而有营养

产后新手妈妈会感觉很饿，但因为此时肠胃功能比产前要弱，口味重的食物会刺激新手妈妈的肠胃，可能引起便秘，对身体的恢复极为不利。为了使食物的营养能够被新手妈妈充分吸收，饮食在保证营养的同时，还要尽量清淡些。

小米山药饭

原料 水发小米30克，水发大米、山药各50克

做法

1 将洗净去皮的山药切小块。
2 备好电饭锅，打开盖子，倒入切好的山药块，拌匀。
3 放入洗净的小米和大米，注入适量清水，搅匀。
4 盖上盖，按功能键，调至“五谷饭”图标，进入默认程序，煮至食材熟透。
5 按下“取消”键，断电后揭盖，盛出煮好的山药饭即可。

调理功效

山药药用价值较高，具有补脾养胃、生津益肺、补肾涩精等作用，搭配小米一起煮饭，能帮助产后新手妈妈化瘀排毒、益气养心、健脾固涩。

砂锅鸭肉面

原料 面条60克，鸭肉块120克，上海青35克，姜片、蒜末、葱段各少许

调料 盐、鸡粉各2克，料酒7毫升，食用油适量

做法

1 洗净的上海青对半切开。
2 锅中注水烧开，加食用油、上海青，煮至断生，捞出；倒入鸭肉，汆去血水，捞出。
3 砂锅注水烧开，倒入鸭肉、料酒、蒜末、姜片，加盖，烧开后用小火煮约30分钟。
4 揭盖，放入面条，中火煮约3分钟，加盐、鸡粉，拌匀，放入上海青，点缀上葱段即可。

|调|理|功|效|

上海青含有蛋白质、膳食纤维、胡萝卜素、维生素、钙、铁等营养成分，具有抑制溃疡、保养皮肤、保护视力等功效，产后1~2周的新手妈妈食用，能补益元气。

扫一扫二维码
视频同步学美味

扫一扫二维码
视频同步学美味

番茄鸡蛋河粉

原料 番茄100克，河粉400克，鸡蛋1个，炸蒜片、葱花各少许

调料 盐2克，鸡粉3克，生抽、食用油各适量

调理功效

本品口味清淡，适合一般产妇食用，其中，河粉含有蛋白质、脂肪、B族维生素等营养成分，具有清热解毒、补充能量、安神除烦等功效。

做法

1. 洗净的番茄横刀切片。
2. 锅中注入适量清水烧开，倒入河粉，稍煮片刻至熟软，关火盛出。
3. 用油起锅，打入鸡蛋，小火煎约1分钟至其成型。
4. 倒入番茄，注入清水，加入盐、鸡粉、生抽，拌匀，稍煮片刻至其入味。
5. 关火，将煮好的番茄鸡蛋汤液盛入装有河粉的碗中。
6. 最后放上炸蒜片、葱花即可。

海南鸡饭

原料 洋葱半个，大蒜3瓣，红葱头2瓣，生姜3片，鸡腿2只，大米200克，葱末少许

调料 盐、黑胡椒粉各5克，橄榄油30毫升

做法

1 洗净的洋葱切四瓣，红葱头切成末，大蒜剁成蒜末，姜片切成末，装碗待用。

2 洗净的鸡腿对半切开，将骨头切段，骨肉分离，待用。

3 热锅注水，放入鸡骨头、洋葱，煮沸；大米洗净，放入电子锅铺平。

4 倒入红葱头、蒜末、姜末，搅拌均匀，再放入鸡腿肉。

5 将煮好的汤汁倒入电子锅中，按下煮饭按键，等跳起后静置约5分钟。

6 将橄榄油装碗，加葱末、姜末、盐、黑胡椒粉，拌成葱酱。

7 揭开电子锅锅盖，取出鸡腿肉切块，待用。

8 将煮好的饭盛至备好的碗中，放入鸡腿肉，淋上葱酱即可。

扫一扫二维码
视频同步学美味

调理功效

鸡肉味甘，性微温，尤其适合给产后妈妈身体补虚强身，这一道海南鸡饭，清淡易消化，适合产后1~2周的产妇作为主食食用。

牛奶鸡蛋小米粥

原料　水发小米180克，鸡蛋1个，牛奶160毫升

调料　白糖适量

|调|理|功|效|

鸡蛋营养丰富，易为人体所吸收，含有蛋白质、核黄素、尼克酸以及铁、磷、钙等营养物质，具有补钙和增强人体免疫力等作用，对产妇和新生儿都有好处。

做法

1. 把鸡蛋打入碗中，搅散调匀，制成蛋液，待用。
2. 砂锅中注入适量清水，大火烧热，倒入洗净的小米。
3. 盖上盖，大火烧开后转小火煮约55分钟，至米粒变软。
4. 揭盖，倒入备好的牛奶，搅拌均匀，大火煮沸。
5. 加入白糖，拌匀，倒入蛋液，转中火煮至液面呈现蛋花。
6. 关火后盛出煮好的小米粥，装在备好的小碗中即可。

香菇大米粥

原料 水发大米120克，鲜香菇30克

调料 盐、食用油各适量

做法

1. 洗好的香菇切成丝，改切成粒，备用。
2. 砂锅中注入适量清水，大火烧开，倒入洗净的大米，用勺子搅拌均匀。
3. 盖上锅盖，烧开后用小火煮约30分钟至大米熟软。
4. 揭开锅盖，倒入香菇粒，搅拌均匀，煮至断生。
5. 加入少许盐、食用油，搅拌片刻至食材入味。
6. 关火后盛出煮好的粥，装入碗中，待稍微放凉即可食用。

扫一扫二维码
视频同步学美味

|调|理|功|效|

香菇含有蛋白质、多种维生素和微量元素，其所含的维生素D有助于补充钙质，产后新手妈妈食用此粥，能帮助补充分娩所流失的营养和体力，有益身体康复。

薏米茶树菇排骨汤

原料 排骨280克，水发茶树菇80克，水发薏米70克，香菜、姜片各少许

调料 盐、鸡粉、胡椒粉各2克

做法

1 泡好的茶树菇切成长段；锅中注水烧开，倒入排骨，汆去血水，捞出。
2 砂锅注水烧开，倒入排骨、薏米、茶树菇、姜片，拌匀。
3 盖上盖，大火煮开后转小火煮1个小时。
4 揭盖，加盐、鸡粉、胡椒粉，拌匀，装入碗中，摆放上香菜即可。

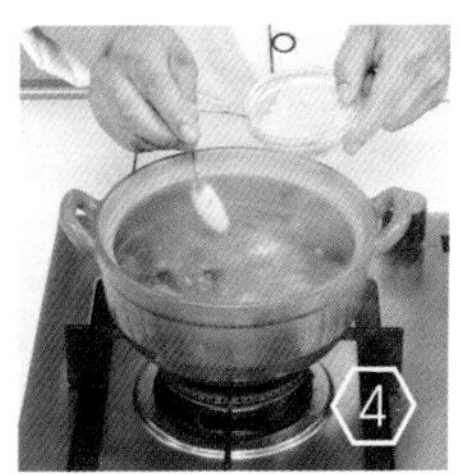

| 调 | 理 | 功 | 效 |

排骨含有蛋白质、脂肪、维生素、磷酸钙、骨胶原、骨粘连蛋白等成分，具有滋阴壮阳、益精补血等功效，亦可为产妇提供钙质。

扫一扫二维码
视频同步学美味

扫一扫二维码
视频同步学美味

西洋参竹荪鸡汤

原料 鸡肉300克，水发竹荪160克，西洋参5克，党参15克，大枣20克，山药25克，桂圆肉少许

调料 盐3克

|调|理|功|效|

竹荪营养丰富、滋味鲜美，含有蛋白质、菌糖、粗纤维、灰分等营养成分，具有滋补强壮、益气补脑、宁神健体等功效，适合给产妇补血。

做法

1 锅中注入适量清水烧热，倒入洗净的鸡肉块，拌匀。
2 汆约2分钟，去除血渍后捞出，沥干水分，待用。
3 砂锅中注入适量清水烧热，倒入鸡肉块，放入洗净的竹荪。
4 撒上西洋参，倒入山药、桂圆肉、大枣和党参，拌匀、搅散。
5 盖上盖，烧开后转小火煮约150分钟，至食材熟透。
6 揭盖，加入少许盐，拌匀调味，略煮一会儿，至汤汁入味。
7 关火后盛出煮好的鸡汤，装在碗中即可。

台湾麻油鸡

原料 鸡胸肉350克，鲜香菇30克，姜片少许

调料 盐、鸡粉各1克，芝麻油适量

|调|理|功|效|

鸡肉含有蛋白质、维生素A、B族维生素、维生素C、钙、磷、铁等营养成分，具有增强免疫力、温中益气、健脾胃、强筋壮骨等功效，产妇食用麻油，能帮助身体排毒。

做法

1 洗净的鸡胸肉切成两片，两面各划上一字刀且不切断；洗好的香菇切成两块。

2 锅置火上，倒入芝麻油烧热，放入鸡胸肉，煎至两面焦黄。

3 关火后盛出煎好的鸡胸肉，放在砧板上放凉后切块。

4 砂锅置火上，注水，放入姜片、鸡胸肉块、香菇，搅匀。

5 加盖，用大火煮开后转小火煮20分钟至食材熟软。

6 揭盖，加入盐、鸡粉，拌匀调味，稍煮片刻至入味。

7 关火后盛出煮好的汤，装碗即可。

猪脚姜

原料　猪蹄块220克，鸡蛋2个，姜片少许

调料　盐3克，老抽3毫升，料酒6毫升，甜醋、食用油各适量

做法

1 锅中注水烧开，放入洗净的猪蹄块，汆去血渍，捞出沥干。

2 砂锅置旺火上，注油烧热，撒上姜片，爆香，放入猪蹄块、料酒，炒匀。

3 倒入甜醋、水、鸡蛋，加入老抽、盐，搅匀。

4 盖上盖，烧开后转小火煮约65分钟至熟；揭盖，搅拌几下，盛出即可。

|调|理|功|效|

猪蹄爽滑而不腻，含有胶原蛋白，能防治产后皮肤干瘪起皱、增强皮肤弹性和韧性，延缓衰老，姜能驱除寒气，二者搭配，适合产妇食用。

扫一扫二维码
视频同步学美味

扫一扫二维码
视频同步学美味

荷香蒸鸭

原料 鸭肉块 240 克，水发香菇 2 朵，荷叶半张，姜片 8 克，葱花 3 克

调料 盐2克，胡椒粉1克，生粉8克，生抽、料酒各8毫升

调理功效

鸭肉性凉味甘，是不可多得的可以清热解毒的肉类，且耐烹煮，纤维粗，易入味，用荷叶包起后蒸制，荷香味包裹着肉香，既解馋又解腻，是产后补虚强身的良好选择。

做法

1 泡好的香菇切块；鸭肉块装碗，倒入料酒、姜片和生抽。
2 加入盐和胡椒粉，拌匀，腌渍15分钟，放入香菇块和生粉，拌匀。
3 荷叶摊开放在盘子上，将腌好的食材放在荷叶中间。
4 将左右两边的荷叶叠在一起，卷裹起来，包好食材。
5 取出已烧开水的电蒸锅，放入食材，盖上盖，蒸30分钟至熟。
6 揭开盖子，取出荷香蒸鸭，撕开荷叶即可食用。

木耳枸杞蒸蛋

原料 鸡蛋2个，木耳1朵，水发枸杞少许

调料 盐2克

做法

1 洗净的木耳切成粗条，再改切成块。
2 取一个碗，打入鸡蛋，加入盐，搅散。
3 倒入适量温水，加入木耳，搅拌均匀。
4 蒸锅注入适量清水，大火烧开，放上碗。
5 加盖，用中火蒸大约10分钟，至熟。
6 揭盖，关火后取出蒸好的鸡蛋，放上枸杞即可。

扫一扫二维码
视频同步学美味

|调|理|功|效|

鸡蛋含有蛋白质、卵磷脂、B族维生素、维生素C、钙、铁、磷等营养成分，搭配木耳和枸杞同蒸，清淡有营养，产后可以适量食用。

金牌月子餐推荐

营养素菜

莴笋炒平菇

原料 窝笋150克，平菇100克，红椒20克，姜片、蒜末、葱段各少许

调料 盐 7 克，鸡粉 2 克，蚝油 5 毫升，生抽 3 毫升，水淀粉 4 毫升，食用油适量

调理功效

平菇含有菌糖、甘露醇糖、激素等，可以改善人体新陈代谢、增强体质、调节植物神经功能，产后食用本品，能加速体内恶露的排出，排毒化瘀。

做法

1. 把洗净的平菇切块，去皮洗净的莴笋切片，洗净的红椒去子切片。
2. 锅中注入600毫升的清水，大火烧开，放入5克盐，淋入适量食用油。
3. 放入莴笋、红椒和平菇拌匀，焯至断生，捞出备用。
4. 炒锅注入适量食用油，倒入葱段、姜片、蒜末，爆香。
5. 再倒入焯过水的莴笋、红椒和平菇，翻炒一会儿。
6. 放入蚝油、盐、鸡粉，淋入生抽，炒匀调味。
7. 加入水淀粉，将锅中食材炒匀勾芡，盛入盘中即可。

葱香土豆杯

原料 去皮土豆150克，洋葱50克，高汤50毫升，蒜片3克，葱花2克

调料 盐2克，食用油3毫升

做法

1 洗净的洋葱对半切开，切成块；土豆切片。
2 将土豆片装碗，放入洋葱块，加入蒜片。
3 放入盐、食用油，搅拌均匀，将拌好的食材装入杯中，摆放整齐。
4 倒入高汤，封上保鲜膜，待用。
5 备好微波炉，放入食材，加热4分钟至熟。
6 取出熟透的食材，撕开保鲜膜，撒上葱花即可。

扫一扫二维码
视频同步学美味

|调|理|功|效|

洋葱能增进食欲，增强细胞的活力，一定程度上起到防癌抗癌的作用；土豆中维生素C含量丰富，经常食用可改善体质，增强人体免疫力，产妇食用也能补益元气。

黑芝麻拌莲藕石花菜

原料 去皮莲藕180克，水发石花菜50克，熟黑芝麻5克

调料 生抽、味醂各5毫升，椰子油10毫升

做法

1 莲藕切片，泡在水中；泡好的石花菜切碎。
2 锅中注入适量清水烧开，倒入莲藕，汆半分钟，倒入石花菜，汆至断生。
3 捞出汆好的莲藕片和石花菜，浸泡在凉开水中降温。
4 将莲藕片和石花菜沥干，装碗，加入椰子油、生抽、味醂、黑芝麻，拌匀即可。

| 调 | 理 | 功 | 效 |

黑芝麻拌莲藕石花菜口感脆爽，咸香可口，吃起来相当开胃，其中石花菜有清热解毒之效，产后新手妈妈如果食欲不振，可以试试。

扫一扫二维码
视频同步学美味

扫一扫二维码
视频同步学美味

蒜香蒸南瓜

原料 南瓜400克，蒜末25克，香菜、葱花各少许

调料 盐、鸡粉各2克，生抽4毫升，芝麻油2毫升，食用油适量

|调|理|功|效|

南瓜含有蛋白质、胡萝卜素、维生素、膳食纤维和钙、磷、钾等成分，能促进体内钠的排出，有利于消除产后水肿。

做法

1 洗净去皮的南瓜切厚片，装入盘中，摆放整齐。

2 把蒜末装碗，放入盐、鸡粉、生抽、食用油、芝麻油，调成味汁。

3 把味汁均匀地浇在南瓜片上，放入烧开的蒸锅中。

4 盖上盖子，用大火蒸8分钟，至南瓜熟透、入味。

5 揭开盖，取出南瓜，撒上葱花，放上香菜点缀，浇上少许热油即可。

牛奶紫薯泥

原料 配方奶粉15克，紫薯150克

做法

1 洗净去皮的紫薯切滚刀块，备用。
2 蒸锅上火烧开，放入紫薯块，加盖，用大火蒸30分钟至其熟软。
3 关火后揭开锅盖，取出蒸好的紫薯，放凉待用。
4 把紫薯放在砧板上，用刀按压成泥，装入盘中，待用。
5 将适量温开水倒入奶粉中，搅拌均匀，至完全溶化。
6 将紫薯泥倒入拌好的奶粉中，搅拌均匀，装入盘中即可。

|调|理|功|效|

紫薯含有蛋白质、果胶、纤维素、维生素C、花青素、硒等营养成分，具有改善视力、增强免疫力、润肠通便等功效，产后1~2周食用，能有效改善便秘。

红豆山药羹

原料	水发红豆150克，山药200克	调料	白糖、水淀粉各适量

做法

1 洗净去皮的山药切粗片，再切成条，改切成丁，备用。

2 砂锅注水，倒入洗净的红豆，加盖，大火煮开后转小火煮40分钟。

3 揭盖，放入山药丁，用小火续煮20分钟至食材熟透。

4 加入白糖、水淀粉，拌匀，关火后盛入碗中即可。

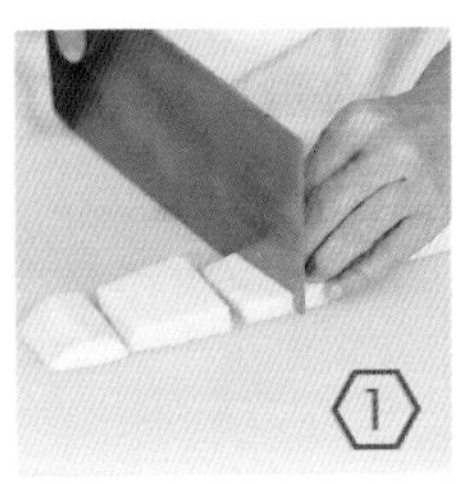

| 调 | 理 | 功 | 效 |

红豆含有蛋白质、糖类、B族维生素、钾、铁、磷等营养成分，具有健脾止泻、利尿消肿、清热解毒等功效，适合产后食用，排出体内多余的湿气。

扫一扫二维码
视频同步学美味

扫一扫二维码
视频同步学美味

薏米枸杞大枣茶

原料 水发薏米100克，枸杞25克，大枣35克

调料 红糖30克

做法

1 蒸汽萃取壶接通电源，安好内胆。
2 倒入薏米、大枣、枸杞，注水至水位线。
3 扣紧壶盖，按下“开关”键，选择“养生茶”图标。
4 待机器自行运作35分钟，指示灯跳至“保温”状态。
5 断电后取出内胆，将茶倒入杯中，饮用前放入红糖即可。

|调|理|功|效|

枸杞含有甜菜碱、阿托品、天仙子胺、枸杞多糖等成分，具有养心明目、增强免疫力等功效，大枣补中益气、养血安神，二者搭配，可作为产后加餐饮品。

核桃姜汁豆奶

原料
核桃30克，姜片5克，豆浆100毫升

调料
蜂蜜20克

做法

1 洗净的姜片切粒，核桃切碎，待用。
2 将备好的姜粒和核桃碎倒入榨汁机中。
3 加入豆浆，盖上盖，启动榨汁机，榨约15秒成豆奶。
4 断电后揭盖，将豆奶倒入杯中，淋上蜂蜜即可。

扫一扫二维码
视频同步学美味

调理功效

核桃富含不饱和脂肪酸，能减少产妇身体对胆固醇的吸收，另外还有润泽肌肤、保健大脑、提高记忆力等作用。这款豆奶带着微微的姜辣味，能温中止呕，舒缓肠胃。

Chapter 3

产后 3~4 周，补肾养血壮体质

来到了坐月子的第二阶段，此时的你是否有所好转？

别着急，一切都在慢慢恢复中……

坚持用金牌月子餐，补益气血，强健身体吧！

产后3~4周的饮食调养原则

产后第3周，主要以“补”为主。新手妈妈此时的生理机能已经恢复不少，此时可选择一些温补食物开始适当进补。产后第4周要以“养”为主，新手妈妈喂养宝宝会比较劳累，可选择能安心神、补气养血和强健筋骨的食物。此阶段需要注意避免食用可能引起炎症或退奶的食物。

宜荤素搭配

产后新手妈妈应摄入多种营养，这就需要注意食物的合理搭配，不能为补充营养而大量进补荤菜，而忽略素菜的营养；也不可为了减掉孕期增长的体重而过分减少荤菜的摄入。每种食物的营养成分是不同的，只有饮食多样化才能满足新手妈妈对各种营养的需求。新手妈妈在月子期要改掉偏食、挑食的不良习惯，注重荤素的合理搭配，才能保质保量坐好月子，防止营养不均衡引发的产后疾病。

不宜吃燥热、生冷食物

这个阶段新手妈妈不宜吃辣椒、大蒜、胡椒等燥热食物。因为这些食物容易上火，引起乳腺炎、尿道炎、痔疮等疾病，还会通过乳汁加重宝宝的内热，所以尽量不吃或少吃燥热的食物。生冷食物会影响新手妈妈的脾胃和食物的消化吸收，还容易造成瘀血滞留，引起腹痛，不利于新手妈妈的产后恢复。

摄取足够的新鲜蔬果

为了保证营养的均衡和预防便秘，新手妈妈每天都要摄取足够的新鲜蔬菜和水果，因为这些食物中含有多种维生素、矿物质和丰富的膳食纤维，能够促进肠胃的蠕动和利于产后肠道功能的恢复，并促进食物的吸收。

多吃富含铁的食物

产后，新手妈妈因身体虚弱和母乳喂养等，容易造成贫血，这不仅会危害到身体健康，还会影响乳汁分泌，所以在月子里，补血很重要。新手妈妈可以适当吃一些富含铁元素食物，如动物肝脏、瘦肉、鱼肉等来补血。

猪肝红薯粉

原料 猪肝 80 克，水发红薯粉 50 克，西红柿 100 克，姜片少许，高汤 800 毫升

调料 料酒3毫升，盐适量

做法

1 洗净的西红柿切丁；猪肝切片装碗，加盐、料酒，腌渍片刻。

2 焖烧罐中倒入猪肝、红薯粉，注入开水至八分满。

3 加盖预热1分钟，倒出水，放入姜片、西红柿，注入煮热的高汤至八分满。

4 加盖，焖2小时；揭开盖，加入盐，搅拌均匀，盛入碗中即可。

调理功效

西红柿含有胡萝卜素、维生素C、钙、磷、钾、镁、铁等成分，具有促进食欲、清热解毒、增强免疫力等功效，产后3周食用可增强身体的抵抗力。

虾饺

原料　澄粉210克，虾仁、猪肉馅各80克，莴笋50克，姜末7克

调料　盐、鸡粉各3克，胡椒粉2克，食用油适量

做法

1 洗净的莴笋切碎，洗净的虾仁切碎，待用。

2 碗中放入猪肉馅、虾仁碎、姜末、盐、鸡粉、胡椒粉、食用油，注水拌匀，放入莴笋碎，搅拌均匀成馅料。

3 碗中放入澄粉，边搅拌边注入适量温水，拌匀，将面粉揉成面团，醒面20分钟，搓成长条，揪出数个小剂子，撒上澄粉，将剂子揉圆，用手压成饼状，再用擀面杖擀成圆片。

4 在面片上放入馅料，包成饺子，放入蒸锅中，加盖蒸15分钟，取出即可。

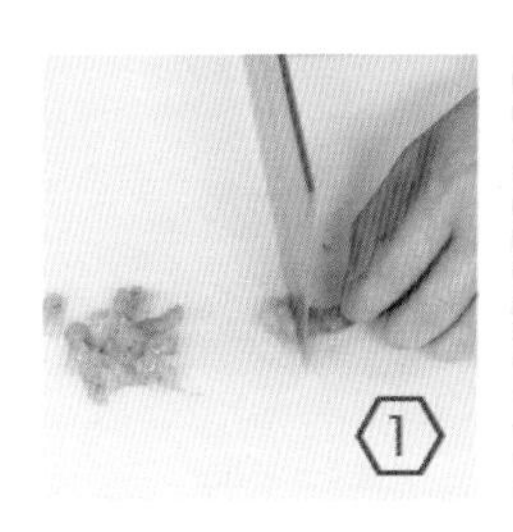

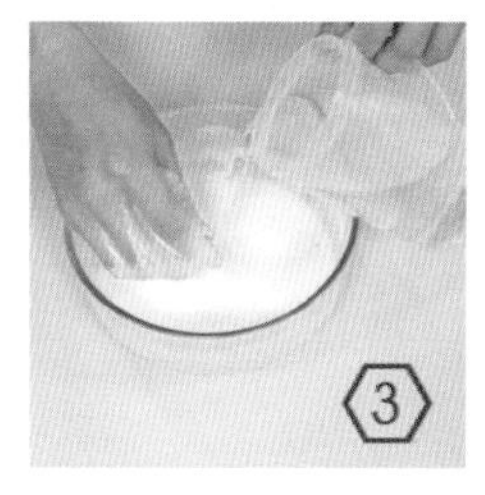

|调|理|功|效|

虾肉中富含的镁对心脏活动具有良好的调节作用，能降低血液中的胆固醇含量。本品味道鲜美，且易于消化，能增强新手妈妈的体质，适合产后食用。

扫一扫二维码
视频同步学美味

扫一扫二维码
视频同步学美味

豌豆肉沫面

原料 细面条150克，豌豆120克，猪肉末60克，姜片、蒜末各10克，葱花5克

调料 盐3克，食用油适量

做法

1 热锅注水煮沸，放入面条，煮至熟软，放入备好的碗中，待用。
2 热锅注油烧热，放入姜片、蒜末，爆炒出香味。
3 放入猪肉末，翻炒至变色，放入豌豆，翻炒均匀。
4 注入适量清水，放入盐，煮10分钟至熟；关火，将煮好的食材盛至装有面的碗中，撒上葱花即可。

调理功效

豌豆有通便、生津、通乳的功效，搭配猪肉、面条能增强新手妈妈的体质，促进其身体恢复。

糙米牛蒡饭

原料　水发大米、水发糙米各60克，牛蒡50克

调料　白醋适量

做法

1 洗好去皮的牛蒡切成条，再切成丁。
2 锅中注入适量的清水，用大火烧开。
3 倒入牛蒡丁，淋入白醋，煮至断生，捞出沥干。
4 砂锅注水烧热，倒入泡发好的糙米、大米，放入牛蒡丁，搅拌均匀。
5 盖上锅盖，大火煮开后转中火煮40分钟至熟。
6 掀开锅盖，将煮好的饭盛出，装入碗中即可。

扫一扫二维码
视频同步学美味

|调|理|功|效|

牛蒡有促进肠胃蠕动、降血糖、增强免疫力等功效，而糙米是一种健康的绿色食品，它保留了大量膳食纤维，二者搭配煮饭，适合产后食用，能补肾强腰。

鲜奶猪蹄汤

原料 猪蹄200克，大枣10克，牛奶80毫升，高汤适量

调料 料酒5毫升

扫一扫二维码
视频同步学美味

做法

1 锅中注水烧开，放入处理好的猪蹄、料酒，汆去血水，捞出过冷水。
2 砂锅注入高汤烧开，放入猪蹄和大枣，搅拌均匀。
3 加盖，大火煮约15分钟，然后转小火煮约1小时，至食材软烂。
4 打开锅盖，倒入牛奶，稍煮片刻，至汤水沸腾，盛出即可。

|调|理|功|效|

猪蹄具有补虚弱、填肾精、安神助眠、美容护肤等功效，是非常适合产后食用的滋补食材之一，搭配牛奶炖汤，滋补效果甚佳。

扫一扫二维码
视频同步学美味

红豆麦粥

原料 小麦、红豆各60克，大米80克，鲜玉米粒90克

调料 盐2克

|调|理|功|效|

红豆含有蛋白质、脂肪、糖类、B族维生素、钾、铁、磷等营养成分，具有滋补强壮、健脾养胃、利水除湿、通气除烦、清热解毒、补血等功能，产后可经常食用。

做法

1. 砂锅中注水烧开，倒入泡好的小麦、红豆、大米，拌匀。
2. 盖上盖，用大火煮开后转小火续煮20分钟至食材熟透。
3. 揭盖，倒入玉米，拌匀。
4. 盖上盖，续煮20分钟至玉米熟软，加入盐，拌匀。
5. 关火后盛出煮好的粥，装碗即可。

燕麦花生小米粥

原料 花生30克，小米15克，燕麦10克

调料 冰糖30克

做法

1 锅中倒入约900毫升清水，大火烧热。
2 倒入洗好的花生、小米，煮沸后倒入燕麦。
3 盖上盖，转小火煮约40分钟至锅中材料熟透。
4 揭开盖，倒入冰糖，煮约3分钟至冰糖溶化。
5 取下盖子，搅拌几下，关火后盛出煮好的食材即可。

扫一扫二维码
视频同步学美味

|调|理|功|效|

花生含有的维生素K有止血的作用，对多种出血性疾病都有良好的止血功效，产后食用，有助于子宫修复，增强体质。

扫一扫二维码
视频同步学美味

四物乌鸡汤

原料 乌鸡肉200克，大枣8克，熟地、当归、白芍、川芎各5克

调料 盐、鸡粉各2克，料酒少许

|调|理|功|效|

乌鸡含有蛋白质、黑色素、B族维生素、维生素E、磷、铁、钾等营养成分，具有增强免疫力、益肾养阴、强筋健骨等功效，搭配中药材炖汤，可以为产后新手妈妈补充营养。

做法

1 沸水锅中倒入斩好的乌鸡肉，淋入料酒，氽去血水，装盘待用。
2 砂锅中注入适量清水，倒入熟地、当归、白芍、川芎、大枣。
3 放入氽过水的乌鸡肉，拌匀。
4 盖上盖，用大火煮开后转小火续煮1小时至食材熟透。
5 揭盖，加入盐、鸡粉，拌匀。
6 关火后盛出煮好的汤料，装入碗中即可。

小白菜拌牛肉末

原料 牛肉100克，小白菜160克，高汤100毫升

调料 盐少许，白糖3克，番茄酱15克，料酒、水淀粉、食用油各适量

调理功效

牛肉含有蛋白质、维生素B_6、磷、钾、钠、镁等营养成分，具有增强免疫力、缓解疲劳、滋养脾胃、补中益气等功效，尤其适合产后滋补强身。

做法

1 将洗好的小白菜切段。
2 洗净的牛肉切碎，剁成肉末。
3 锅中注水烧开，加适量食用油、盐，放入小白菜，焯1分钟，至其熟透，将小白菜捞出，沥干水分，装盘待用。
4 用油起锅，倒入牛肉末，炒匀，淋入料酒，炒香，倒入高汤，加入番茄酱、盐、白糖，拌匀调味。
5 倒入适量水淀粉，快速搅拌均匀，将牛肉末浇在装好盘的小白菜上即可。

腰果炒猪肚

原料 熟猪肚丝200克，熟腰果150克，芹菜70克，红椒60克，蒜片、葱段各少许

调料 盐2克，鸡粉3克，芝麻油、料酒各5毫升，水淀粉、食用油各适量

做法

1 洗净的芹菜切成小段；洗好的红椒切开，去子，切成条。
2 用油起锅，倒入蒜片、葱段，爆香，放入猪肚丝，炒匀。
3 淋入料酒，倒入适量清水，加入红椒丝、芹菜段、盐、鸡粉，炒匀，倒入水淀粉、芝麻油，翻炒至食材入味。
4 关火后盛出炒好的菜肴，装入盘中，加入熟腰果即可。

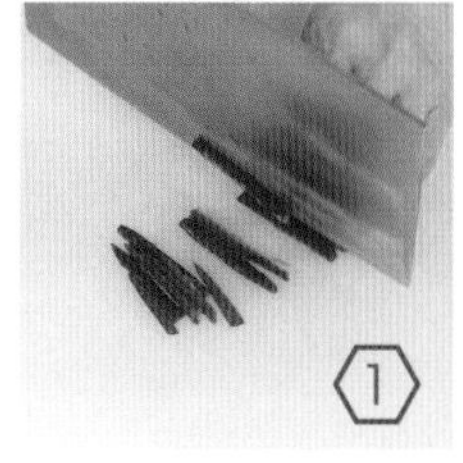

| 调 | 理 | 功 | 效 |

猪肚含有蛋白质、脂肪、胆固醇、钙、钠、钾、磷、糖类等营养成分，具有益气补血、健脾益胃、增强抵抗力等功效，产后可以多吃。

扫一扫二维码
视频同步学美味

扫一扫二维码
视频同步学美味

浇汁鲈鱼

原料 鲈鱼 270 克，豌豆 90 克，胡萝卜 60 克，玉米粒 45 克，姜丝、葱段、蒜末各少许

调料 盐2克，番茄酱、水淀粉各适量，食用油少许

做法

1 鲈鱼洗净放入碗中，加盐、姜丝、葱段拌匀，腌渍约15分钟后将鲈鱼切开去骨，把鱼肉两侧切条，放入蒸盘中待用。

2 胡萝卜洗净去皮切片，再切条，改切成丁；锅中注入清水烧开，倒入胡萝卜、豌豆、玉米粒，焯约2分钟至其断生，捞出焯好的食材，沥干水分待用。

3 蒸锅上火烧开，放蒸盘，盖盖，用中火蒸约15分钟；揭盖，取出蒸盘，放凉待用。

4 用油起锅，倒入蒜末，爆香，倒入焯过水的食材，炒匀，放入番茄酱，炒香，注入适量清水，拌匀，用大火煮沸，倒入适量水淀粉，拌匀，调成菜汁；关火后盛出菜汁，浇在鱼身上即可。

|调|理|功|效|

鲈鱼既能促进乳汁分泌又不会造成营养过剩而导致肥胖，具有健身补血、健脾益气的功效，适合产后妈妈食用。

猕猴桃炒虾球

原料 猕猴桃60克，鸡蛋1个，胡萝卜70克，虾仁75克

调料 盐4克，水淀粉、食用油各适量

做法

1. 将去皮洗净的猕猴桃切成小块，洗好的胡萝卜切成丁，装碗待用。
2. 虾仁从背部切开，去除虾线，装入碗中，加盐、水淀粉，腌至入味。
3. 将鸡蛋打入碗中，加盐、水淀粉，用筷子打散，调匀。
4. 锅中注入适量清水烧开，放入盐、胡萝卜，煮至断生，捞出，备用。
5. 热锅注入食用油，烧至四成热，倒入虾仁，炸至变色，捞出，待用。
6. 锅底留油，倒入蛋液，炒熟，盛入碗中，待用。
7. 用油起锅，倒入胡萝卜、虾仁、鸡蛋，加入少许盐，放入猕猴桃，倒入水淀粉，炒至入味，盛出装盘即可。

扫一扫二维码
视频同步学美味

|调|理|功|效|

猕猴桃的维生素C含量在水果中是最高的，它还含有丰富的蛋白质和矿物质，有解热、止渴、通淋之功效，对产妇食欲不振、消化不良有很好的改善作用。

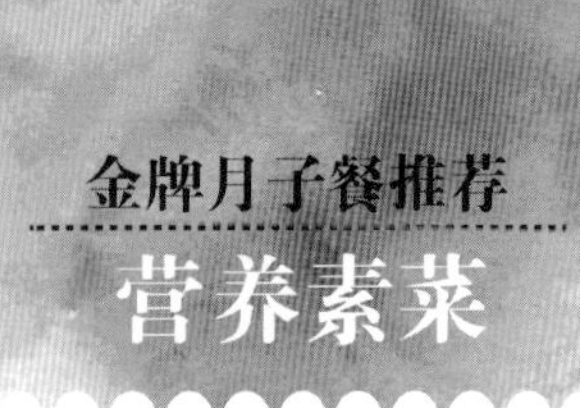

枸杞百合蒸木耳

原料 百合50克 ，枸杞5克，水发木耳100克

调料 盐1克，芝麻油适量

扫一扫二维码
视频同步学美味

做法

1 取空碗，放入泡好的木耳。
2 倒入洗净的百合、枸杞，淋入芝麻油，加入盐，搅拌均匀，装盘待用。
3 备好已注水烧开的电蒸锅，放入食材，加盖，调好时间旋钮，蒸5分钟至熟。
4 揭盖，取出蒸好的枸杞百合蒸木耳即可。

调理功效

木耳、枸杞、百合都是含有多种维生素和矿物质的营养食材，三者用盐和芝麻油稍稍调味后进行蒸食，不仅味道清香，营养也能有效保留，新手妈妈食用后能促进身体康复。

扫一扫二维码
视频同步学美味

芝麻菠菜

原料

菠菜100克，芝麻适量

调料

盐、芝麻油各适量

做法

1 洗好的菠菜切成段。
2 锅中注入适量的清水，加入适量盐，大火烧开。
3 倒入菠菜段，倒入适量芝麻油，搅匀，煮至断生。
4 将菠菜段捞出，沥干水分，待用。
5 热锅炒芝麻至香，盛出待用。
6 将菠菜段装入碗中，撒上适量芝麻、盐、芝麻油。
7 搅拌片刻，使食材入味，装入盘中即可。

|调|理|功|效|

菠菜对缺铁性贫血有较好的辅助治疗作用。此外，菠菜中的膳食纤维含量较高，具有促进肠道蠕动的作用，可促进产后消化，利于排便。

鸡汤豆腐卷

原料 豆腐皮 150 克，鸡汤 500 毫升，香葱 35 克，香菜 30 克，姜片少许

调料 盐1克，鸡粉、胡椒粉各2克，芝麻油5毫升，食用油适量

做法

1. 洗净的豆腐皮边缘修齐，切成正方形放平；洗净的香葱切段；香菜切段。
2. 在豆腐皮上放上葱段、香菜，卷成豆腐卷，用牙签固定形状，装盘待用。
3. 热锅注油，放入豆腐卷，煎约2分钟至表皮微黄。
4. 倒入姜片、鸡汤，加入盐、鸡粉、胡椒粉，拌匀。
5. 加盖，用小火焖2分钟至熟软入味。
6. 揭盖，淋入芝麻油，拌匀，稍煮片刻。
7. 关火后夹出豆腐卷，装盘，拔出牙签。
8. 将锅中的鲜汤浇在豆腐卷上，放上香菜点缀即可。

扫一扫二维码
视频同步学美味

|调|理|功|效|

豆腐皮含有高蛋白、铁、钙等营养物质，具有清热润肺、止咳消痰、美容养颜等功效，产后适量食用本品，不仅能补充营养，还能促进乳汁分泌。

扫一扫二维码
视频同步学美味

松仁炒丝瓜

原料 胡萝卜片50克，丝瓜90克，松仁12克，姜末、蒜末各少许

调料 盐2克，鸡粉、水淀粉、食用油各适量

做法

1 将洗净去皮的丝瓜对半切开，切长条，改切成小块。
2 锅中注入适量清水，用大火烧开，加入适量食用油，放入胡萝卜片，煮半分钟。
3 倒入丝瓜，续煮片刻，至其断生，捞出煮好的胡萝卜和丝瓜，沥干水分待用。
4 用油起锅，倒入姜末、蒜末，爆香，倒入胡萝卜和丝瓜，拌炒一会儿。
5 加入适量盐、鸡粉，快速炒匀至全部食材入味，再倒入水淀粉，快速翻炒匀。
6 起锅，将炒好的菜肴盛入盘中，再撒上松仁即可。

调理功效

产后新手妈妈吃丝瓜有助于促进乳汁分泌，还能有效祛除妊娠斑，淡化妊娠纹；搭配松仁同食，还能预防产后便秘。

金牌月子餐推荐

美味加餐

香蕉三明治

原料 香蕉120克，面包4片（100克），椰粉20克

调料 花生黄油15克

 **做法**

1 香蕉切去尾部，去皮，改切成片。
2 取出两片吐司，均匀地涂抹上花生黄油。摆放上香蕉片，撒上椰粉。
3 盖上另外一片抹上花生黄油的面包，制成三明治。
4 将制作好的三明治对半切开，摆放在盘中即可。

| 调 | 理 | 功 | 效 |

这款三明治制作比较简单，再配上一杯牛奶或者果汁，作为营养加餐，使人精神倍增，让产后的新手妈妈更快恢复身体活力。

栗子蛋糕

原料　蛋白140克，蛋黄、低筋面粉各70克，玉米淀粉55克，栗子馅、果酱各适量

调料　砂糖110克，塔塔粉3克，细砂糖30克，色拉油30毫升，无铝泡打粉2克

做法

1 将蛋黄、细砂糖加入低筋面粉中，再加入玉米淀粉、泡打粉、水、色拉油，拌匀。

2 另备容器，倒入蛋白、砂糖、塔塔粉，打发至鸡尾状，和做法1中的食材拌匀。

3 准备烤盘，垫上烘焙纸，装入材料至八分满，放入烤箱，将上火调至180℃、下火调至160℃，烘烤20分钟后取出。

4 将果酱均匀地抹上蛋糕，把蛋糕制成卷状，固定成型，均匀撒上栗子馅即可。

|调|理|功|效|

蛋黄含有蛋白质、脂肪、卵黄素、卵磷脂、维生素和铁、钙等成分，具有补水、保护视力、增强免疫力等功效。本品味道鲜美，适合产后妈妈作为加餐的小点心。

扫一扫二维码
视频同步学美味

扫一扫二维码
视频同步学美味

党参枸杞茶

原料 | 党参15克，枸杞8克，姜片20克

做法

1 砂锅中注入适量清水烧开。
2 放入洗净的党参、姜片。
3 盖上盖，用小火煮20分钟，至其析出有效成分。
4 揭盖，放入枸杞，搅拌均匀，煮1分钟至其熟透。
5 将煮好的茶水装入碗中即可。

调理功效

党参含有皂苷、糖类、氨基酸、B族维生素等，具有增强免疫力、扩张血管、降血压、改善微循环、增强造血功能等作用，能补充分娩时流失的血液和消耗的体力。

花生大枣豆浆

原料 | 水发黄豆100克，水发花生米120克，大枣20克

调料 | 白糖少许

做法

1 将洗净的大枣去核后切成小块。
2 取豆浆机，倒入浸泡好的花生米和黄豆。
3 放入切好的大枣，撒上少许白糖，拌匀。
4 加入适量的清水至水位线。
5 盖上豆浆机机头，选择“五谷”程序，再选择“开始”键，待其运转约 15 分钟。
6 断电后取下机头，倒出煮好的豆浆，装入碗中即成。

扫一扫二维码
视频同步学美味

|调|理|功|效|

花生含有蛋白质、不饱和脂肪酸、维生素A、维生素B_6、维生素E等营养成分，具有益气补血、增强记忆力、醒脾和胃等功效。本品可以作为产后的加餐饮品饮用。

Chapter 4

产后 5~6 周，美容瘦身催母乳

几乎每一个产后新手妈妈，都渴望回到产前的好身材。

但同时又要母乳喂养，这些都离不开月子期的饮食调理。

产后 5~6 周，美容瘦身催母乳月子餐来袭！

产后 5~6 周的饮食调养原则

经过前面4周的“排”“调”“补”“养”阶段，此时新手妈妈身体已经基本恢复，但对于母乳喂养的妈妈来说，饮食上仍然需要多加注意，以免因新手妈妈的饮食不当而影响到宝宝的健康。不少身体恢复得较好的妈妈开始减重了，但切不可因此而耽误了宝宝的营养。

摄取足够的高蛋白

产后新手妈妈的气血虚弱，身体恢复需要大量蛋白质，因为蛋白质中含有大量氨基酸，可以修复各组织器官。同时，蛋白质是母乳喂养的妈妈必需的营养物质之一，为了能够分泌出足够的乳汁，新手妈妈应比平时摄入更多的蛋白质，但不可过量，以免加重肝脏和肾的负担。新手妈妈可从鸡肉、鱼肉、瘦肉等食物中摄入一定的优质蛋白质。

补充足够的钙

乳汁的分泌，需要妈妈体内储存有足够的钙，母乳喂养的妈妈每天要消耗近300毫升的钙，哺乳期间缺钙，容易造成新手妈妈骨质疏松、腰酸背痛等，对产后锻炼和恢复都很不利。新手妈妈可以适当晒太阳和食用豆类、奶制品、骨头汤等进行补钙，也可在医生的指导下服用适量的钙制剂。

少吃味精

如果新手妈妈摄入过多的味精，会对12周以内的宝宝造成一定的伤害。因为大量摄入味精，会产生谷氨酸钠，这种物质会渗透进乳汁中，可与宝宝血液中的锌发生反应，导致宝宝缺锌，从而影响宝宝的智力发育和减缓生长的速度。所以，哺乳期的妈妈要注意少吃味精。

忌饮咖啡

产后新手妈妈需要多休息，保证充足的睡眠，而咖啡中的咖啡因会刺激新手妈妈的神经系统，从而影响睡眠质量，不利于产后身体恢复。同时，咖啡因还会通过乳汁进入宝宝体内，可能会引起宝宝肠痉挛、烦躁不安、啼哭等。

菠萝海鲜饭

原料 去皮菠萝60克，带子肉、青豆各40克，熟米饭70克，鸡蛋液45克，咖喱粉10克，腰果15克

调料 盐3克，料酒5毫升，食用油适量

|调|理|功|效|

菠萝营养丰富，食用菠萝可促进血液循环，菠萝蛋白酶还能帮助分解食物中的蛋白质促进消化，并增强新手妈妈的免疫力。

做法

1 菠萝去梗部，切块；往带子肉中加入盐、料酒，拌匀，腌渍10分钟。

2 热锅注油，倒入带子肉，炒拌片刻至熟软，盛入碗中待用。

3 热锅注油，倒入鸡蛋液，炒制片刻后将炒好的鸡蛋装碗；热锅注油，倒入青豆炒匀，倒入熟米饭、菠萝、带子肉、鸡蛋、咖喱粉，炒匀，加入盐，炒匀入味，盛入铺好锡纸的烤盘中，撒上腰果待用。

4 打开电烤箱箱门，将烤盘放在中层，关上箱门，将上、下管温度设置为200℃，时间设置为8分钟，开始烤制食材。

5 打开箱门，取出烤盘，将米饭装碗即可。

莲藕西蓝花菜饭

原料 去皮莲藕80克，水发大米150克，西蓝花70克

做法

1 洗净去皮的莲藕切丁，洗净的西蓝花切小块，待用。
2 热锅中倒入莲藕丁，翻炒数下，放入泡好的大米，翻炒2分钟至大米水分收干，注入适量清水，搅匀。
3 加盖，用大火煮开后转小火焖30分钟至食材熟透。
4 揭盖，倒入切好的西蓝花，搅匀，续焖10分钟至食材熟软、水分收干，盛出焖好的莲藕西蓝花菜饭，装碗即可。

扫一扫二维码
视频同步学美味

| 调 | 理 | 功 | 效 |

富含铁、钙的莲藕与富含维生素C、叶酸的西蓝花搭配做饭，产后5~6周的产妇食用能增强免疫力、补虚养血。

扫一扫二维码
视频同步学美味

胡萝卜蝴蝶面

原料 蝴蝶面40克，去皮胡萝卜、香菇各20克，香菜少许，昆布高汤500毫升

调料 盐3克

|调|理|功|效|

胡萝卜含有丰富的胡萝卜素、维生素A、钙等营养成分，可为新手妈妈的乳汁分泌提供丰富的钙，并促进食物的消化吸收，还可清理肠道，缓解便秘等症状。

做法

1 胡萝卜切片，改切丝；香菇切片。
2 锅中倒入昆布高汤，煮至沸腾后转小火持续加热待用。
3 焖烧罐中倒入胡萝卜、蝴蝶面，注入煮沸的清水至八分满。
4 旋紧盖子，摇晃片刻，静置1分钟，使得食材和焖烧罐充分预热。
5 揭盖，将开水倒出，放入香菇，注入刚煮沸的昆布高汤至八分满。
6 旋紧盖子，摇晃均匀，静置焖30分钟，揭盖，加入盐，充分拌匀至入味。
7 将焖好的面盛入碗中，撒上香菜即可。

豆浆猪猪包

原料 面粉245克，豆浆80毫升，红曲粉3克，酵母粉5克

做法

1. 碗中倒入200克面粉，加入酵母粉，一边倒入豆浆一边搅拌均匀。
2. 将面粉取出放在案板上，揉搓成面团，装入碗中，用保鲜膜封住碗口。
3. 将面团放常温处静置，醒15分钟，撕去保鲜膜，将面团取出放在案板上，撒上适量的面粉，将面团充分揉匀。
4. 取适量面团分成两个，做成两个猪身子。
5. 剩下的面团加入红曲粉，揉均匀。取适量的红面团，捏制成猪眼睛、猪鼻子、猪耳朵，安在猪身上。
6. 往盘子中撒上适量面粉，将猪猪包的生坯装入盘中。
7. 电蒸锅注水烧开，放入猪猪包生坯，盖上盖，调转旋钮定时15分钟至蒸熟，掀开盖，将猪猪包取出，即可食用。

扫一扫二维码
视频同步学美味

调理功效

面粉含有维生素、钙、铁、氨基酸等成分，具有促进食欲、增强免疫力等功效，还可调节人体代谢平衡。通过母乳喂养，还能促进宝宝的生长发育。

鸡肝粥

原料 鸡肝200克，水发大米500克，姜丝、葱花各少许

调料 盐1克，生抽5毫升

做法

1 洗净的鸡肝切条。

2 砂锅注水，倒入泡好的大米，拌匀。

3 加盖，用大火煮开后转小火续煮40分钟至熟软，揭盖，倒入鸡肝、姜丝、盐、生抽，拌匀。

4 加盖，稍煮5分钟至鸡肝熟透，揭盖，放入葱花，拌匀，关火后盛出煮好的鸡肝粥，装碗即可。

|调|理|功|效|

鸡肝中蛋白质、钙、铁等营养物质丰富，可有效促进母乳的分泌，还具有补血，加强脏腑功能的作用，同时，还能使新手妈妈的皮肤变得更有光泽。

扫一扫二维码
视频同步学美味

杂菇小米粥

原料 平菇50克，香菇20克，小米80克

调料 盐、鸡粉各2克，食用油5毫升

|调|理|功|效|

本品可为新手妈妈提供丰富的蛋白质，有助于新手妈妈在身体恢复期间抵御病毒的侵袭，还有增强体质、增加乳汁分泌等功效。

做法

1 砂锅中注水烧开，倒入泡好的小米，加入食用油，拌匀。
2 盖上盖，用大火煮开后转小火续煮30分钟至小米熟软。
3 揭盖，倒入洗净切好的平菇、香菇，拌匀。
4 盖上盖，用大火煮开后转小火续煮10分钟至食材入味。
5 揭盖，加入盐、鸡粉，拌匀。
6 关火后盛出煮好的粥，装碗即可。

当归大枣猪蹄汤

原料 猪蹄200克，白扁豆、黄豆各10克，当归、黄芪各2克，党参5克，大枣2颗，姜片少许

调料 盐2克，料酒5毫升

做法

1 将当归、黄芪装进隔渣袋里，放入清水碗中，加入党参、大枣，搅拌均匀，一同泡8~10分钟；黄豆、白扁豆放入清水碗中，泡2小时。

2 捞出泡好的党参、大枣和装有当归、黄芪的隔渣袋，以及黄豆、白扁豆，沥干水分，装盘待用。沸水锅中倒入洗净的猪蹄，加入适量料酒，汆一会儿至去除血水和脏污，捞出，沥干水分，装盘待用。

3 砂锅注入1000毫升清水，倒入汆好的猪蹄，放入装有当归、黄芪的隔渣袋，倒入泡好的大枣、党参，加入泡好的黄豆、白扁豆，放入姜片，搅匀。

4 加盖，用大火煮开后转小火煮120分钟至食材有效成分析出，揭盖，加入盐，搅匀调味，关火后将汤装碗即可。

|调|理|功|效|

本品是一道十分适合月子期新手妈妈喝的滋补汤，可使月子期新手妈妈气血调和，固肾调精，皮肤滑润白皙、富有光泽，减少疾病的发生。

扫一扫二维码
视频同步学美味

鲫鱼黄芪生姜汤

原料 净鲫鱼400克，老姜片40克，黄芪5克

调料 盐、鸡粉各2克，米酒5毫升，食用油适量

|调|理|功|效|

本品蛋白质含量丰富，可改善脾胃功能，促进新手妈妈的消化吸收，还有补虚通乳的功效，可以活血通络，减少新手妈妈产后的身体不适。

做法

1. 热锅中加入少许食用油烧热，下姜片爆香。
2. 放入鲫鱼，用小火煎至散发出香味，翻转鱼身，再煎至鲫鱼断生。
3. 关火后盛出鲫鱼，沥干油后装盘，备用。
4. 砂锅中注入1000毫升清水烧开，下入洗净的黄芪。
5. 盖上盖，用小火煮约20分钟至散发出药香味，揭开盖，倒入煎好的鲫鱼，倒入米酒调味。
6. 盖好盖子，用大火煮沸后转小火续煮约20分钟至食材熟透，取下盖子，调入盐、鸡粉，拌匀，用大火煮片刻至入味。
7. 关火后盛出煮好的汤料，装碗即成。

腰果时蔬炒鸡丁

原料 鸡胸肉280克，熟腰果100克，黄瓜120克，去皮胡萝卜130克，白果40克，姜片、蒜片、葱段各少许

调料 盐、白糖各2克，鸡粉、胡椒粉各3克，芝麻油、料酒各5毫升，水淀粉、食用油各适量

|调|理|功|效|

本品可改善新手妈妈脾胃虚弱的状况，调理因瘀血堆积等造成的产后疾病，还有强筋健骨的功效，非常适合恢复期的新手妈妈食用。

做法

1 洗净的胡萝卜切条，改切丁；洗好的黄瓜切粗条，改切丁；洗好的鸡胸肉切丁。

2 将切好的鸡胸肉放入碗中，加入盐、料酒、胡椒粉，用筷子搅拌均匀。

3 倒入水淀粉，拌匀，加入食用油，拌匀，腌渍5分钟至入味。

4 用油起锅，倒入鸡丁、胡萝卜丁、黄瓜丁，炒匀，放入蒜片、姜片、白果，翻炒约2分钟至熟，加入料酒，炒匀。

5 倒入适量清水，加入盐、鸡粉、白糖，炒匀，加入水淀粉、葱段，再淋入芝麻油，翻炒约2分钟至食材入味。

6 关火后盛出炒好的菜肴，装入盘中，倒入熟腰果，搅拌均匀即可。

扫一扫二维码
视频同步学美味

缤纷牛肉粒

原料 牛肉200克，胡萝卜、豌豆各40克，玉米粒、洋葱各50克

调料 盐、鸡粉各3克，蚝油10毫升，水淀粉5毫升，料酒、食用油各适量

做法

1. 洗净去皮的胡萝卜切条，改切丁；处理好的洋葱切成条，改切小块；处理好的牛肉切条，改切小粒。
2. 牛肉装入碗中，放入适量盐，加入料酒、水淀粉，拌匀，腌渍10分钟。
3. 锅中注入适量清水烧热，倒入豌豆、胡萝卜、玉米粒，搅拌均匀，焯至断生，捞出，沥干水分，待用。
4. 热锅注油烧热，倒入牛肉，炒匀，加入洋葱，快速翻炒香，倒入蚝油，翻炒片刻，加入焯好水的食材，放盐、鸡粉，炒匀。
5. 关火，将炒好的牛肉盛出装入盘中即可。

调理功效

牛肉含有丰富的脂肪、膳食纤维等营养成分，可促进肠胃蠕动，满足新手妈妈在哺乳期所需的脂肪，具有益气补血、增强免疫力的功效。

菌菇蛋羹

原料 香菇40克，鸡蛋液100克

调料 盐、鸡粉各2克，食用油适量

做法

1 将洗净的香菇去蒂切条，再切成丁。
2 热锅注油烧热，倒入香菇，炒香，加入盐、鸡粉，翻炒片刻至入味，关火后盛出，待用。
3 鸡蛋液搅散，加入炒好的香菇，混匀，待用。
4 将电蒸笼接通电源，注入适量清水，放入笼屉和食材，盖上锅盖，调整旋钮调至15分钟时间刻度。
5 待蒸好后调整旋钮，切断电源，掀开锅盖，将蒸蛋取出即可。

扫一扫二维码
视频同步学美味

|调|理|功|效|

香菇是高蛋白、低脂肪、含有多种维生素的菌类食物，与鸡蛋同食能增强机体免疫功能，适合产后妈妈食用。

Flower

大枣黄芪蒸乳鸽

原料 乳鸽1只，大枣6颗，枸杞10克，黄芪、葱段、姜丝各5克

调料 盐 2 克，生粉 10 克，生抽 8 毫升，料酒 10 毫升，食用油适量

做法

1 处理干净的乳鸽去掉头部和脚趾，对半切开，再斩成小块，放入沸水锅中，汆2分钟，去除血水和脏污，捞出，沥干水分，装碗待用。

2 加入料酒，放入葱段和姜丝，加入生抽和盐，倒入食用油，将乳鸽拌匀，腌渍15分钟至入味。

3 倒入生粉，搅拌均匀，装盘，放入黄芪，撒入枸杞，放上洗净的大枣。

4 取出已烧开水的电蒸锅，放入食材，盖上盖，调好时间旋钮，蒸20分钟至熟，揭开盖，取出大枣黄芪蒸乳鸽即可。

| 调 | 理 | 功 | 效 |

本品可改善产后新手妈妈脱发的症状，增加皮肤弹性，改善血液循环，护肾利尿，有良好的补虚作用，还可加快剖宫产的新手妈妈的伤口愈合。

扫一扫二维码
视频同步学美味

胡萝卜烧猴头菇

原料 水发猴头菇120克，香菇75克，去皮胡萝卜70克，姜片、蒜末、葱段各少许

调料 盐、鸡粉、白糖各1克，生抽、水淀粉、芝麻油各5毫升，食用油适量

调理功效

这是一道高蛋白低脂肪的健康食品，还含有丰富的维生素、钙等营养物质，具有促进消化，改善脾胃功能，滋补养身，增强免疫力等作用。

做法

1 泡好的猴头菇去除根部后切片，胡萝卜切片，洗净的香菇切条；沸水锅中倒入猴头菇，氽1分钟，捞出待用。

2 用油起锅，倒入氽好的猴头菇，炒约2分钟至去除水分，盛出装盘。

3 锅中续加油烧热，倒入姜片、蒜末、葱段，爆香，放入猴头菇、香菇条、胡萝卜片，翻炒均匀，加入生抽，炒匀。

4 注入适量清水至没过锅底，搅匀，煮约半分钟，加盐、鸡粉、白糖，炒匀。

5 用水淀粉勾芡，炒匀收汁，加入芝麻油，调味。

6 关火后盛出菜肴，装盘即可。

蜂蜜蒸木耳

原料 水发木耳15克，枸杞少许

调料 红糖、蜂蜜各适量

做法

1 洗好的木耳装碗，加入蜂蜜、红糖，搅拌均匀，倒入蒸盘，备用。

2 蒸锅上火烧开，放入蒸盘，盖上锅盖，用大火蒸20分钟至其熟透。

3 关火后揭开锅盖，将蒸好的木耳取出。

4 撒上少许枸杞点缀即可。

扫一扫二维码
视频同步学美味

|调|理|功|效|

本品含有丰富的维生素、铁等营养成分，具有改善睡眠、补气养血、美容养颜等功效，身体虚弱和患有失眠的新手妈妈可多吃些。

炒黄花菜

原料 水发黄花菜200克，彩椒70克，蒜末、葱段各适量

调料 盐3克，鸡粉2克，料酒8毫升，水淀粉4毫升，食用油适量

做法

1 洗好的彩椒切成条，洗净的黄花菜切去花蒂。

2 锅中注入适量清水烧开，放入黄花菜，加入少许盐，拌匀，煮至沸，捞出，沥干水分，待用。

3 用油起锅，放入蒜末，加入切好的彩椒，略炒片刻，倒入焯过水的黄花菜，翻炒匀，淋入料酒，炒出香味，放入剩余的盐、鸡粉，炒匀调味，倒入葱段，翻炒均匀。

4 淋入水淀粉，快速翻炒均匀，关火后将炒好的黄花菜盛出，装入盘中即可。

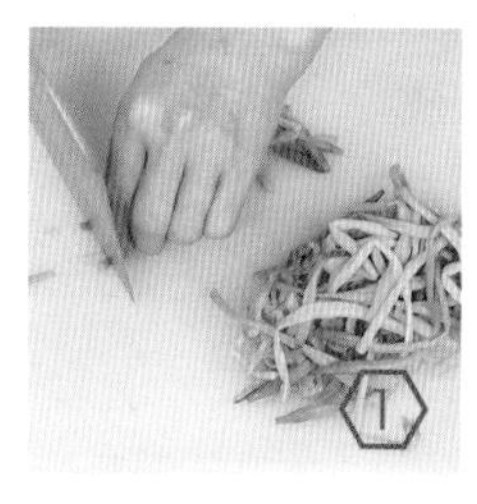

调理功效

黄花菜含有蛋白质、胡萝卜素、维生素B_1、烟酸及钙、磷、铁等营养成分，有显著的催奶功效，产后新妈妈可以适当吃一些，有助于促进乳汁分泌。

扫一扫二维码
视频同步学美味

扫一扫二维码
视频同步学美味

酱冬瓜

原料 冬瓜250克，蒜片、姜片、葱段各少许

调料 老抽、蚝油各5毫升，鸡粉、盐各2克，食用油适量

调理功效

冬瓜具有利尿消肿、开胃消食等功效，还能刺激胃肠道蠕动，使肠道堆积的废物尽快排出体外，达到排毒养颜、消水肿、改善便秘的效果。

做法

1 冬瓜去子去皮，切成片，待用。
2 锅中注油烧热，倒入蒜片、姜片、葱段，爆香。
3 倒入蚝油，放入冬瓜片，快速翻炒匀，注入适量清水，翻炒片刻，加入适量的盐，翻炒调味。
4 加盖，用大火焖5分钟至熟透。
5 揭盖，放入老抽、鸡粉，搅拌入味。
6 将焖好的冬瓜盛出装盘即可。

西红柿柠檬蜜茶

原料 西红柿150克，柠檬20克，红茶100毫升

调料 蜂蜜20克

做法

1 柠檬去皮、去核，切块；西红柿去皮、切瓣、切块；红茶过滤出茶水，待用。
2 将西红柿块和柠檬块倒入榨汁机中，加入红茶水。
3 盖上盖，启动榨汁机，榨约15秒成蔬果茶，断电后将蔬果茶倒入杯中，淋上蜂蜜即可。

|调|理|功|效|

本品有保护胃黏膜的功效，适合产后肠胃功能下降的新手妈妈食用，还能促进血液循环，保护心脏，美容养颜。

玫瑰山药

原料	去皮山药 150 克，奶粉 20 克，玫瑰花 5 克	调料	白糖20克

做法

1 备好已烧开上汽的电蒸锅，放入山药。

2 加盖，调好时间旋钮，蒸20分钟至熟，揭盖，取出蒸好的山药，放凉后装进保鲜袋，倒入白糖，放入奶粉，将山药压成泥状，装盘。

3 取出模具，逐一填满山药泥，用勺子稍稍按压紧实。

4 待山药泥稍定型后取出，反扣放入盘中，撒上掰碎的玫瑰花瓣即可。

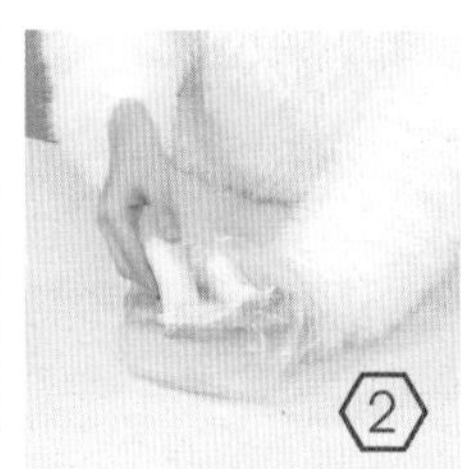

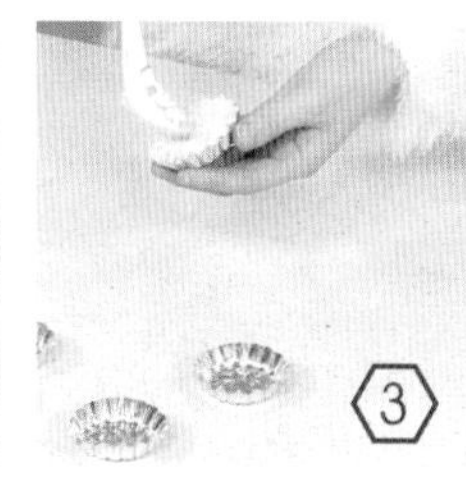

扫一扫二维码
视频同步学美味

| 调 | 理 | 功 | 效 |

本品具有安定心神、缓和情绪、滋阴、活血化瘀、美容养颜的功效，适合情绪不稳定和有瘀血症状的新手妈妈食用，还有助于改善睡眠。

扫一扫二维码
视频同步学美味

通草奶

原料 通草15克，鲜奶500毫升

调料 白糖5克

做法

1 锅置于火上，倒入鲜奶。
2 加入通草，拌匀。
3 大火煮约3分钟至沸腾。
4 加入白糖，稍稍搅拌至入味。
5 关火后将煮好的通草奶装入杯中即可。

| 调 | 理 | 功 | 效 |

本品富含蛋白质、维生素、钙、铁等营养成分，可为母乳喂养的新手妈妈提供丰富的营养，还具有增强免疫力、美容养颜等功效。

猪肝米丸子

原料 猪肝 140 克，米饭 200 克，水发香菇45克，洋葱30克，胡萝卜 40 克，蛋液 50 克，面包糠适量

调料 盐、鸡粉2克，食用油适量

做法

1. 蒸锅上火烧开，放入洗净的猪肝，盖上盖，用中火蒸约 15 分钟，至食材熟透，揭盖，取出蒸熟的猪肝，待用。
2. 洗净去皮的胡萝卜切片，再切条，改切成丁；洗好的香菇切片，再切成小块；洗净的洋葱切丝，再切成碎末。
3. 将放凉的猪肝切片，再切条形，改切成末，备用。
4. 用油起锅，倒入胡萝卜丁、香菇丁，炒匀，撒上洋葱末，炒至变软，倒入猪肝末，炒匀，加盐、鸡粉，炒匀调味，倒入备好的米饭，快速翻炒一会儿，至米饭松散，关火后盛出食材，放凉后制成数个丸子，再依次裹上蛋液、面包糠，制成米丸子生坯，待用。
5. 热锅注油，烧至五六成热，放入生坯，轻轻搅动，用中小火炸至其呈金黄色。关火后捞出材料，沥干油，装盘即可。

扫一扫二维码
视频同步学美味

调理功效

本品可促进新手妈妈的营养吸收和乳汁分泌，改善缺铁性贫血，还可增强免疫力，改善体质，使新手妈妈的身体尽快恢复。

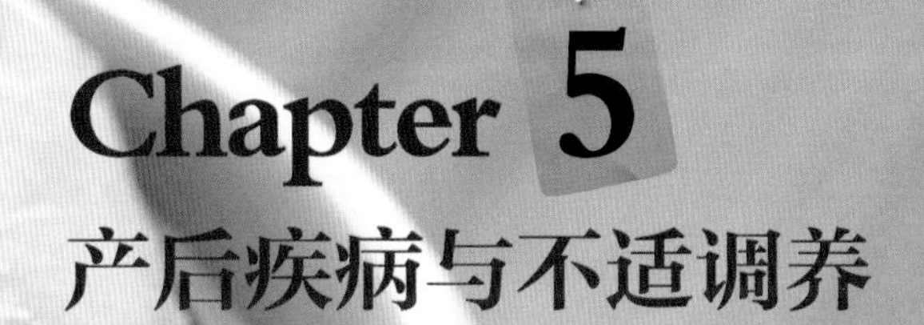

Chapter 5
产后疾病与不适调养

产后便秘、出血、恶露、多汗、失眠……

各种产后疾病与不适层出不穷，困扰着新手妈妈的身心。

别担心，试着用金牌调理餐，轻松赶走产后疾病吧！

产后便秘

产后便秘是新手妈妈常见症状，主要是因为产后新手妈妈的腹肌和盆底肌肉松弛，造成收缩无力，使腹压减弱，而且新手妈妈经历过生产后，身体很虚弱，排便时使不上劲，从而造成便秘。产后便秘的新手妈妈可多吃可促进肠胃蠕动的食物，并加强日常护理。

日常调养与护理

产后新手妈妈要适当地卧床休息，不可过度劳累，并配合适量的运动，加速身体的恢复。注意在饮食上不可乱来，以免引起腹痛、痔疮等并发症。

注重饮食的合理搭配

产后饮食不讲究或过于讲究都容易造成饮食结构不合理，引起便秘。新手妈妈产后应多吃易消化的食物，多喝汤，适当饮水，注意荤素合理搭配，粗细搭配，饮食尽量多样化。新手妈妈每天必须摄入一定量的新鲜蔬菜和水果，这些食物中的膳食纤维有助于促进肠胃蠕动，对预防和缓解便秘效果良好。便秘后还可以适量饮蜂蜜水、喝粥来润肠通便，忌食咖啡、辣椒、油炸食品等刺激性食物。

坚持适当的运动

新手妈妈虽然要注意休息，但不可整日卧床，长期卧床不仅对身体无益，还会加重便秘的症状。一般来说，顺产的新手妈妈在生产几个小时后就可以走动了，身体恢复较好的剖宫产妈妈在第二天也能适当在室内走动。适当地运动有利于促进新手妈妈肠道蠕动，恢复肌肉的功能。没有力气运动的新手妈妈应尽量坐起来，练习缩肛运动，锻炼盆底肌肉，使肛门血液回流，以促进排便。

合理使用药物

如果产后便秘严重，通过饮食调养和锻炼短时间内无法缓解症状，可以在医生的指导下使用开塞露或其他的缓泻剂。还可以咨询医生后，服用一些中药来达到润燥通便的作用。

南瓜麦片粥

原料 南瓜肉150克，燕麦片80克

调料 白糖8克

 **做法**

1. 将洗净的南瓜肉切开，改切片。
2. 砂锅注入适量清水烧开，倒入南瓜片，拌匀，煮约6分钟，边煮边碾压，至南瓜肉呈泥状。
3. 再倒入备好的燕麦片，搅拌均匀，用中火煮约3分钟，至食材熟透。
4. 加入白糖，搅匀，煮至糖分溶化。
5. 关火后盛出煮好的麦片粥，装碗即可。

|调|理|功|效|

南瓜和麦片都含有丰富的膳食纤维，能促进胃肠蠕动，适合产后便秘的新手妈妈食用。

扫一扫二维码
视频同步学美味

核桃菠菜

原料 菠菜270克，核桃仁35克

调料 盐、鸡粉各2克，食用油适量

做法

1 将洗净的菠菜切成段。
2 热锅注油，烧至三成热，放入核桃仁，滑油1分钟，把核桃仁捞出，装入盘中，放入1克盐，拌匀，备用。
3 锅底留油，倒入切好的菠菜，翻炒匀，加入1克盐、鸡粉，翻炒至熟。
4 将炒好的菠菜盛出装盘，放上备好的核桃仁即可。

|调|理|功|效|

菠菜能滋阴润燥、补肝养血、清热泻火，可用来缓解产后阴虚便秘，尤其适合血虚的产妇。

莴笋筒骨汤

原料 去皮莴笋200克，筒骨500克，黄芪、枸杞、麦冬各30克，姜片少许

调料 盐、鸡粉各1克

做法

1 莴笋切滚刀块。
2 沸水锅中放入洗净的筒骨，汆约2分钟至去除腥味和脏污，捞出汆好的筒骨，沥干水，装盘待用。
3 砂锅中注水烧热，放入汆好的筒骨，倒入麦冬、黄芪、姜片，搅匀。
4 加盖，用大火煮开后转小火续煮2小时至汤水入味。
5 揭盖，倒入切好的莴笋，搅匀，加盖，续煮20分钟至莴笋熟软。
6 揭盖，放入洗净的枸杞，搅匀，稍煮片刻，加入盐、鸡粉，搅匀调味，稍煮片刻至枸杞味道析出。
7 关火后盛出莴笋筒骨汤，装碗即可。

扫一扫二维码
视频同步学美味

调理功效

莴笋含有大量植物纤维素，能促进肠壁蠕动，通利消化道，帮助大便排泄，可用于缓解产后便秘。

芹菜炒牛肉

原料 牛肉200克,芹菜梗100克,红椒丝、姜丝各少许

调料 料酒4毫升，白糖2克，盐、味精、水淀粉、芝麻油、食用油各适量

做法

1 洗净的芹菜梗切成段；洗净的牛肉切成片，再改切成丝，放入碗中，倒入料酒，加入盐、水淀粉，拌匀入味，再倒入适量食用油，腌渍3~5分钟。

2 热锅注油，烧至五六成热，倒入牛肉，滑油片刻，捞出沥油，放在盘中备用。

3 锅底留油，倒入姜丝，煸炒香，放入芹菜段，拌炒匀，加少许盐、味精、白糖调味，翻炒至芹菜断生。

4 倒入牛肉、红椒丝，拌炒匀，加入适量水淀粉、芝麻油，翻炒至材料熟透，出锅盛入盘中即成。

1

2

3

4

| 调 | 理 | 功 | 效 |

芹菜中含有丰富的植物纤维素，有利于排便，与牛肉搭配炒食有利于缓解产后便秘。

产后出血

顺产和剖宫产都有可能会造成产后出血，胎盘滞留、产道撕裂、子宫收缩无力、凝血功能障碍等也是造成产后出血的原因。产后出血可能发生在产后1~2周，也可能发生在产后20~30天，因此月子期的生活和饮食切不可大意。

日常调养与护理

一旦出现产后出血，就应该请医护人员检查，如果失血过多，又没有及时治疗和得到有效的护理，很可能会引起休克并有生命危险，治疗后也应注意饮食和日常护理。

多吃补血、止血的食物

为了防止出血现象继续出现，可适当吃些大枣和阿胶进补，有利于产后益气补血，也应多吃高蛋白和含铁的食物，促进产后恢复。维生素K可以控制血液凝结，维生素E也有止血的功能，新手妈妈产后出血的饮食调养中，可适当选择富含这两种维生素的食物来缓解病症。此外，产后不宜立即吃鹿茸和人参等补品，因为服用鹿茸会使新手妈妈阴血更损，可能会造成阴道不规则的出血。而产后立即服用人参会有碍受损血管的自行愈合，可能会引起产后流血不止或大出血。

生活环境保持洁净

产后出血，再加上阴道分泌物增多，产道易受到细菌感染，从而加重症状。所以新手妈妈的被褥、衣服和生活环境都应保持洁净，阴部也要保持清洁干爽，洗澡时尽量采取淋浴，以免脏水进入阴道，减少新手妈妈感染病菌的机会。

产后多休息

生产时失血过多，加之产后出血，使原本就已经很虚弱的新手妈妈体质变得更差，因此需要长时间地休息。家人应尽量让新手妈妈少操心，减轻她的疲劳感，保证充足的睡眠，并放松精神，让新手妈妈尽快恢复身体元气。

大枣奶

原料　牛奶200毫升，鹌鹑蛋50克，大枣20克

调料　白糖40克

 **做法**

1 锅内倒入约600毫升清水烧热，下入洗净的大枣。
2 盖上锅盖，用大火煮至沸腾，转小火煮约30分钟至大枣涨发。
3 揭盖，倒入牛奶，加入白糖，然后放入鹌鹑蛋。
4 盖上锅盖，用小火煮10分钟。
5 取下盖子，搅拌几下，关火后盛出煮好的甜汤，放入汤碗中即可。

|调|理|功|效|

大枣可以补血，能改善产后气血亏虚的新手妈妈因气不摄血而导致的出血。

西红柿炖豆腐

原料 西红柿 200 克，老豆腐 185 克，腐乳汁 15 克，葱花、姜片各少许

调料 鸡粉、白糖各 2 克，生抽 5 毫升，椰子油适量

做法

1 老豆腐切成均匀的厚片；洗净的西红柿去蒂，切成小块。

2 热锅倒入适量的椰子油烧热，放入老豆腐，将其煎至两面金黄色，将煎好的老豆腐盛出装入盘中，待用。

3 另起锅倒入椰子油烧热，放入姜片，爆香；放入老豆腐，淋上生抽，翻炒匀；倒入西红柿块，快速炒匀，淋上适量清水；倒入腐乳汁，翻炒匀，盖上锅盖，大火炖5分钟至熟透。

4 掀开锅盖，加入鸡粉、白糖，翻炒调味，关火后将菜肴盛出装入碗中，撒上葱花即可。

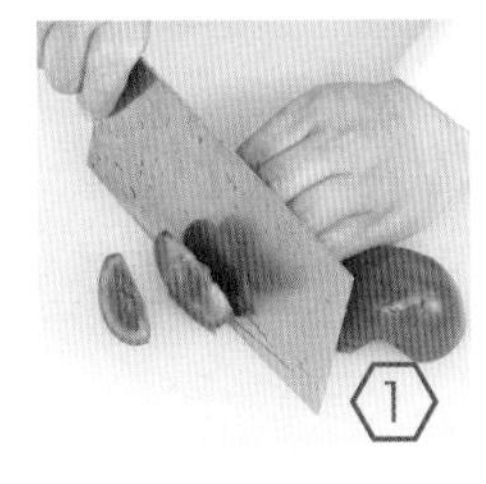

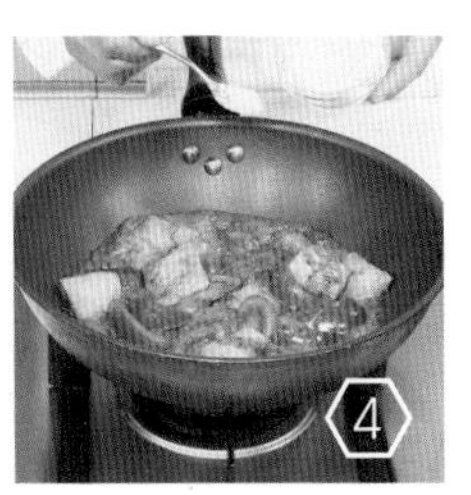

| 调 | 理 | 功 | 效 |

西红柿含有丰富的维生素E，能起到养血止血的目的，产后出血的产妇可以适当食用。

扫一扫二维码
视频同步学美味

扫一扫二维码
视频同步学美味

紫甘蓝炒虾皮

原料 紫甘蓝50克，虾皮30克，蒜末7克

调料 盐、白糖各3克，食用油适量

做法

1 紫甘蓝切条，再用手掰散，待用。
2 热锅注油烧热，放入蒜末，爆香。
3 倒入虾皮、紫甘蓝，快速翻炒匀，加入盐、白糖，翻炒调味。
4 关火，将炒好的菜盛出装入盘中即可。

|调|理|功|效|

虾皮含有丰富的钙质，紫甘蓝能强身健体，两者合炒，除了带来不一样的口感，还能有助于缓解产后出血。

牛肉炒菠菜

原料 牛肉150克，菠菜85克，葱段、蒜末各少许

调料 盐3克，鸡粉少许，料酒4毫升，生抽5毫升，水淀粉、食用油各适量

做法

1 将洗净的菠菜切长段。
2 牛肉切开，再切薄片装碗，加入少许盐、鸡粉，淋上料酒，放入生抽、水淀粉、食用油，拌匀，腌渍一会儿，待用。
3 用油起锅，放入腌渍好的牛肉，炒匀，至其转色。
4 撒上葱段、蒜末，炒出香味，倒入切好的菠菜，炒散，至其变软，加入剩余的盐、鸡粉，炒匀炒透。
5 关火后盛出菜肴，装盘即可。

扫一扫二维码
视频同步学美味

|调|理|功|效|

牛肉能补脾胃、益气血、强筋骨，菠菜含有丰富的铁元素，两者搭配食用能促进产后新手妈妈补肾养血。

产后恶露不尽

产后新手妈妈的阴道里会流出一些分泌物，有血液、坏死的蜕膜组织和宫颈黏液等，这就是恶露。恶露流出在产后是正常的生理现象，但如果恶露超过3周仍未排尽，就要引起注意了，应该及时就医。

日常调养与护理

新手妈妈产后如果不注意休息、不讲究卫生、情绪不好等都可造成产后恶露不尽，因此，恶露不尽的调养就应从养成良好的生活习惯和调整心情开始。

保持阴部清洁

恶露排出期间，如果不注意卫生，容易使阴道和子宫发生感染。恶露流出时，要勤更换卫生巾和内裤，以免滋生细菌。处理恶露前先将手洗干净，可用一次性消毒纸或药棉擦拭阴道和肛门处进行消毒，但要避免碰触伤口。月子期要禁止性生活，避免感染。

食物要新鲜

恶露排出期间，饮食宜清淡，多吃新鲜的蔬菜和水果。食物口味太重，容易引起口干舌燥，在疾病多发的季节还容易引起热邪侵袭，造成血热，不利于恶露排出。不新鲜的食物中营养成分部分流失，使新手妈妈得不到足够的营养补充，影响新手妈妈身体健康，造成子宫恢复差，影响恶露的排出。

改善不良情绪

新手妈妈在月子期因身体不适或担心宝宝等原因，常会有忧伤或者焦虑的情绪产生，容易造成恶露过期不止。所以新手妈妈一定要自我调节情绪，家人也要避免对新手妈妈进行语言上的刺激，照顾好新手妈妈的身体并多安慰她。

母乳喂养利于恶露排出

母乳不仅对宝宝生长发育有益，对新手妈妈身体的恢复也是极好的。宝宝吸吮妈妈乳头时，会刺激脑下垂体后叶分泌一种激素，有助于子宫恢复，促进恶露的排出。所以，为防止产后恶露不尽，应尽量母乳喂养。

板栗大枣小米粥

原料 板栗仁、水发小米各100克，大枣6枚

调料 冰糖20克

做法

1 砂锅中注入适量清水烧开，倒入小米、大枣、板栗仁，拌匀。
2 加盖，小火煮30分钟至食材熟软。
3 打开盖子，放入冰糖，搅拌约2分钟至冰糖溶化。
4 关火，将煮好的粥盛出，装入碗中即可。

| 调 | 理 | 功 | 效 |

板栗具有养胃健脾、补肾强筋、止血的功效，与养胃的小米和补血的大枣同食，能防治新手妈妈因产后气血虚弱或兼气虚血瘀所致的产后恶露不尽。

益母草大枣瘦肉汤

原料 益母草、大枣各20克，枸杞10克，猪瘦肉180克

调料 料酒8毫升，盐、鸡粉各2克

做法

1 洗好的大枣切开，去核。
2 猪瘦肉切条，改切成小块，备用。
3 砂锅中注入适量清水烧开，放入洗净的益母草、枸杞，倒入切好的大枣，加入瘦肉块，淋入料酒，搅拌均匀。
4 盖上盖，烧开后用小火煮30分钟，至食材熟透。
5 揭开盖子，放入盐、鸡粉，拌匀调味，将煮好的汤料盛出，装入汤碗中即可。

|调|理|功|效|

益母草能入血分，有活血调经、祛瘀止痛、利尿消肿、清热解毒的功效，搭配补虚的大枣，能有效缓解产后恶露不尽。

益气养血茶

原料 人参片4克，麦冬10克，熟地15克

做法

1 砂锅中注水烧开，倒入洗好的人参片、麦冬、熟地。

2 盖上盖，用小火煮20分钟，至其析出有效成分。

3 关火后揭开盖，把煮好的药茶盛入碗中即可。

扫一扫二维码
视频同步学美味

调理功效

人参、麦冬、熟地的搭配，是益气、生津、摄血的组合，能缓解产后体质虚弱、正气不足所致的产后恶露不尽。

茅根甘蔗茯苓瘦肉汤

原料 玉米、胡萝卜各60克，甘蔗40克，茅根30克，茯苓20克，瘦肉350克，高汤适量

调料 盐2克

做法

1 洗净去皮的胡萝卜切段，洗净的瘦肉切成小块，装盘备用。

2 锅中注入适量清水烧开，倒入洗净切好的瘦肉，搅匀，煮约2分钟，汆去血水，关火后捞出汆好的瘦肉，将瘦肉过一下冷水，装盘备用。

3 砂锅中注入适量高汤烧开，倒入备好的玉米、胡萝卜、甘蔗、茯苓，放入茅根、瘦肉，搅拌均匀。

4 加盖，以大火煮约20分钟，转至小火慢炖约2小时，至食材熟透，揭盖，加入少许盐，搅拌均匀至食材入味，关火后盛出装碗即可。

|调|理|功|效|

凉血止血的茅根与益气摄血的茯苓搭配煮汤，能有效改善因血热所致的产后恶露不尽。

扫一扫二维码
视频同步学美味

产后多汗

怀孕期间，孕妈妈体内的血容量增加，使得大量的水分潴留在体内，产后新手妈妈的新陈代谢逐渐恢复正常，不再需要过多的血容量，体内的水分就要通过尿液和汗液排出体外，以使产后身体功能得到恢复。因此，产后2周内，新手妈妈经常有出汗的情况出现。

日常调养与护理

如果新手妈妈出汗过多，且长时间不止，可能是身体太过虚弱造成的，需要积极治疗和加强营养，在此期间也要避免产生其他疾病。

勤更换衣服

不管在什么季节产后出汗都较多，新手妈妈在出汗后，全身毛孔张开，容易感受风寒，所以出汗时要及时擦干，出汗后应及时更换衣服，衣服的厚度要适中。条件允许的新手妈妈可以勤洗澡，也可以用温水将皮肤上的汗液擦拭干净，以免细菌在皮肤上繁殖生长，使皮肤受到感染，引起炎症。

加强营养补充

产后出汗过多，而且长期不消失，大多是生产过程中，失血过多、气血不足、肺气虚损、皮肤抵抗能力下降造成的身体虚弱，新手妈妈应该多休息，避免劳累，并加强营养补充，也可在医生的指导下，采用服药膳的方法调理身体和补气血。

增强抵抗力

新手妈妈产后不动会使体质更加虚弱，为了增强身体抵抗力，使体内多余水分尽快排出体外，每天应坚持适度的锻炼，锻炼强度不用太大，做简单的产后恢复操或在室内走动即可。

保持室内通风

室内空气不流通及产后多汗，容易增加室内空气中的细菌，使新手妈妈和宝宝患上疾病，所以出汗多的新手妈妈一定要适时开门窗通风透气。不管是夏天还是冬天，室内温度都要适宜，避免中暑或引发感冒。

山药鳝鱼汤

原料 鳝鱼120克，山药35克，黄芪、枸杞、巴戟天各10克，姜片少许

调料 盐、鸡粉各2克，料酒10毫升

做法

1 处理干净的鳝鱼切段。
2 锅中注入适量清水烧开，放入鳝鱼段，汆至变色，捞出汆好的鳝鱼，沥干水分，待用。
3 砂锅中注入适量清水烧开，放入备好的姜片、药材，倒入汆过水的鳝鱼段，淋入料酒。
4 加盖，烧开后用小火煮30分钟至食材熟透，揭盖，放入盐、鸡粉，搅拌均匀调味。
5 关火后将鳝鱼汤盛出，装入碗中即可。

|调|理|功|效|

此汤含有丰富的蛋白质、维生素和矿物质，有益气补虚、收敛固涩的作用，产后多汗的新手妈妈可适当食用。

扫一扫二维码
视频同步学美味

瘦肉笋片鹌鹑蛋汤

原料 包菜60克，鹌鹑蛋40克，香菇15克，猪里脊肉80克，去皮冬笋、大葱、去皮胡萝卜各20克

调料 土豆水淀粉10毫升，盐、白胡椒粉各3克，生抽、芝麻油各5毫升

调理功效

鹌鹑蛋中含有蛋白质、B族维生素、维生素A等营养成分，能补益气血，能缓解气血亏虚、卫外不固而致的产后多汗。

做法

1 洗净的大葱切圈；冬笋对半切开，改切成片；洗净的包菜切成段；胡萝卜对半切开，改切成丁。

2 洗净的猪里脊肉切成片，装碗，撒上部分盐、白胡椒粉，加入土豆水淀粉，搅拌均匀，腌渍5分钟；香菇去柄，对半切开，切小块，待用。

3 锅中注水烧开，倒入胡萝卜、香菇、冬笋、鹌鹑蛋、大葱，再次煮沸。

4 加入包菜、猪里脊肉，搅拌均匀，撇去浮沫，煮至里脊肉转色。

5 加入剩余的盐和白胡椒粉、生抽、芝麻油，充分搅拌至入味。

6 关火后将煮好的汤盛入碗中即可。

当归羊肉羹

原料 羊肉300克，当归10克，黄芪、党参各9克，姜末、葱花各少许

调料 盐3克，鸡粉2克，胡椒粉少许，生抽5毫升，料酒6毫升，鸡汁、水淀粉、芝麻油各适量

做法

1 将洗净的羊肉切碎，再剁成肉末，装入碗中，待用。
2 砂锅注水烧热，倒入洗净的当归、黄芪、党参，盖上盖，煮沸后用小火煲煮约15分钟，至药材析出有效成分。
3 揭盖，捞出锅中的药材及杂质，倒入羊肉末，搅匀，撒上姜末，拌匀煮沸，淋入料酒，再加入盐调味。
4 撇去浮沫，加入鸡汁、鸡粉、胡椒粉，搅拌均匀，转大火煮约1分钟，至食材熟软，倒入水淀粉勾芡。
5 淋入生抽，拌匀，滴上芝麻油，搅拌均匀，略煮，至食材入味。
6 关火后盛出煮好的羊肉羹，装入汤碗中，撒上葱花即成。

扫一扫二维码
视频同步学美味

|调|理|功|效|

当归与羊肉搭配，能补气、补血、强身，适用于新手妈妈产后体虚、营养不良、多汗肢冷、贫血低热等症。

Recherche Ceramics

丝瓜蒸猪肚

原料 丝瓜（已去硬皮）110克，熟猪肚90克，蒜末、姜片、葱花各少许

调料 蒸鱼豉油、食用油各适量

做法

1 丝瓜切小条，改切成小段；猪肚切小条。
2 将切好的丝瓜铺在盘底，放上切好的猪肚，表面放上姜片，待用。
3 电蒸锅注水烧开，放入食材，加盖，蒸15分钟至熟软，揭盖，取出蒸好的食材，撒上蒜末、葱花，待用。
4 热锅中注入食用油，烧至七成热，将热油浇在食材上，淋上蒸鱼豉油即可。

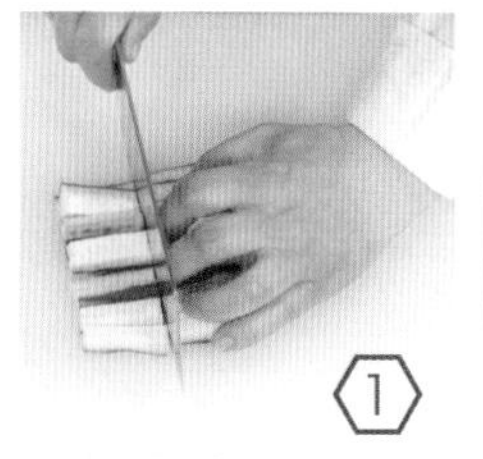

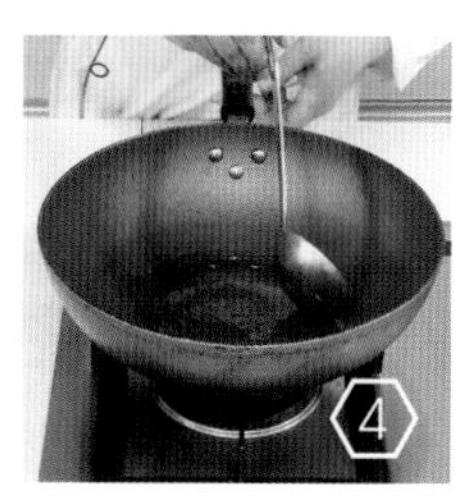

|调|理|功|效|

猪肚能补益中焦，与丝瓜合用能补益脾胃、益气养血，进而固津敛汗，适合产后气虚多汗的新手妈妈食用。此外，身体疲乏、产后乳汁不多的新手妈妈也宜多吃本品。

扫一扫二维码
视频同步学美味

产后抑郁

产后新手妈妈因为雌激素水平下降、身体疲劳等原因造成内心较为脆弱，容易引发产后抑郁症。在月子期内，家人应在身体和精神上给予新手妈妈充分的照顾，减少她的担忧，并帮助新手妈妈逐渐康复。

日常调养与护理

产褥期是新手妈妈较为脆弱的阶段，因为身体尚未恢复，加上要照顾新出生的宝宝，需要有一个安静、舒适的环境休养，良好的家庭氛围可以减轻新手妈妈精神上的压力。

营造舒适、温馨的生活环境

产后，丈夫和家人应多注意新手妈妈精神上的变化，当新手妈妈有抑郁倾向时，要耐心聆听新手妈妈的倾诉并及时鼓励她，在精神上给她安慰。家人不要让一些生活琐事影响新手妈妈的情绪，尽量不让或少让新手妈妈做家务，保证她有足够的营养和睡眠，营造一个温馨的家庭氛围，让新手妈妈感受到亲情的温暖。丈夫也要尽可能地帮忙照顾宝宝，减轻新手妈妈的压力。生活环境上要保持洁净，让新手妈妈和宝宝有良好的环境。

以乐观的态度面对生活

除了家人的支持和安慰外，新手妈妈的自我调节也很重要。在产前要做好各种准备，以免产后手足无措影响情绪，导致抑郁。提前了解抑郁症的相关知识，以便产后出现不良情绪时能及时调整。新手妈妈应以乐观的心态面对产后遇到的各种困难，多些幽默感，尽量缓解生活中的紧张感，多想想和宝宝相处中温馨或快乐的事情，尽快适应妈妈这个新的角色。

多与人交流

新手妈妈与家人多交流，可释放部分心理压力。也可以与有育儿经验的朋友多交流，学习育儿经验和产后护理的方法，避免因担心宝宝而胡思乱想。如果病情严重，经常出现失眠、疲惫等状态，并影响到照顾宝宝时，可以去咨询心理医生，通过与医生的交流减轻病症。

核桃虾仁汤

原料

虾仁95克，核桃仁80克，姜片少许

调料

盐、鸡粉各2克，白胡椒粉3克，料酒5毫升，食用油适量

做法

1. 汤锅置于火上，注入适量食用油，放入姜片，爆香。
2. 倒入虾仁，淋入料酒，炒香，注入适量清水，加盖，煮约2分钟至沸腾。
3. 放入核桃仁，加入盐、鸡粉、白胡椒粉，拌匀，煮约2分钟至沸腾。
4. 关火后盛出煮好的汤，装入碗中即可。

|调|理|功|效|

核桃中富含丰富的ω-3脂肪酸，能强化脑血管弹力、促进神经细胞的活力、提高大脑的生理功能，常食能缓解新手妈妈产后抑郁。

扫一扫二维码
视频同步学美味

牛奶大枣炖乌鸡

原料 乌鸡块 370 克，牛奶 100 毫升，大枣 35 克，姜片少许

调料 盐、鸡粉各2克，白胡椒粉适量

|调|理|功|效|

大枣不仅能补血，还能安定神志、调理情绪；牛奶含有丰富的钙质，有助于治疗抑郁。两者搭配补虚的乌鸡同煮，适合产后新手妈妈食用。

做法

1 大枣切开，剔去枣核，待用。
2 锅中注入适量的清水大火烧开，倒入洗净的乌鸡块，氽除血水和杂质，将乌鸡块捞出，沥干水分，待用。
3 取一炖盅，倒入乌鸡块、姜片、大枣，倒入牛奶、适量清水至没过食材，加入盐、鸡粉、白胡椒粉，拌匀，加盖。
4 电蒸锅注水烧开，放入炖盅，盖上锅盖，调转旋钮定时2小时。
5 时间到，掀开锅盖，取出炖盅即可。

双鱼过江

原料 鲫鱼两条（300克），火腿肠25克，鸡蛋清60克，葱段、葱花、姜片各适量

调料 盐4克，料酒3毫升

做法

1. 火腿肠切片，切条，再切成丁；鲫鱼切开，分成头、尾、身，鱼身对半切开。
2. 碗中放入鱼，加入姜片、葱段、适量盐、料酒，搅拌均匀，待用。
3. 电蒸锅注水烧开，放入鱼，盖上盖，蒸制8分钟。
4. 揭开盖，取出鱼，将鱼头、鱼尾夹到备好的盘中。
5. 将鱼肉弄碎，放入鱼尾和鱼头中间，摆成鱼的造型。
6. 碗中倒入鸡蛋清，放入盐、火腿肠丁，注入适量清水，搅拌均匀，倒至鱼上。
7. 将鱼再次放入电蒸锅中，蒸8分钟，取出，撒上葱花即可。

扫一扫二维码
视频同步学美味

|调|理|功|效|

鲫鱼里含有大量的B族维生素、ω-3脂肪酸，这两样营养素对抑郁症的治疗帮助很大，产后抑郁的新手妈妈可以多吃鱼缓解病症。

扫一扫二维码
视频同步学美味

荷叶玫瑰花茶

原料 玫瑰花15克，干荷叶碎10克

做法

1 取出萃取壶，通电后往内胆中注入适量清水至最高水位线，放入漏斗，倒入洗净的玫瑰花，放入备好的荷叶碎。

2 扣紧壶盖，按下“开关”键，选择“萃取”功能，机器进入工作状态，煮约5分钟至药材有效成分析出。

3 待指示灯跳至“保温”状态，拧开壶盖，取出漏斗，将药膳茶倒入杯中即可。

|调|理|功|效|

玫瑰花的药性非常温和，能够温养血脉，舒发体内郁气，起到镇静、安抚、抗抑郁的功效，适合产后抑郁的新手妈妈饮用。

草菇西蓝花

原料 草菇90克，西蓝花200克，胡萝卜片、姜片、蒜末、葱段各少许

调料 料酒、蚝油各8毫升，盐、鸡粉各2克，水淀粉、食用油各适量

做法

1 洗净的草菇切成小块，洗好的西蓝花切成小朵。

2 锅中注入适量清水烧开，加入少许食用油，倒入切好的西蓝花，搅匀，煮1分钟至其断生，捞出焯好的西蓝花，沥干水分，备用。

3 把切好的草菇倒入沸水锅中，焯半分钟，捞出焯好的草菇，沥干水分，备用。

4 用油起锅，放入胡萝卜片、姜片、蒜末、葱段，爆香，倒入焯好的草菇，翻炒匀。

5 淋入料酒，翻炒片刻，加入蚝油、盐、鸡粉，炒匀调味，淋入少许清水，炒匀，倒入适量水淀粉，炒匀。

6 将焯好的西蓝花摆入盘中，盛入炒好的草菇即可。

扫一扫二维码
视频同步学美味

调理功效

西蓝花含有萝卜硫素，对预防抑郁有效果；草菇食用能强身健体，可缓解因身体虚弱而致的产后抑郁。

产后失眠

产后的新手妈妈还没有适应角色的转变，精神处于过度紧张的状态，再加上激素分泌的改变，使得新手妈妈经常出现因头痛无法入睡或半夜起来母乳喂养宝宝引发失眠的现象，如不及时调整，会给新手妈妈的身体造成极大伤害。

日常调养与护理

产后失眠可通过改变不良饮食习惯和调整心理状态，从而减轻症状。当出现失眠症状时，就应该制订调养计划，慢慢提高睡眠质量。

睡前放松心情

新手妈妈产后容易情绪低落，在睡前经常会胡思乱想，使大脑细胞长时间处于兴奋状态，从而造成难以入眠。新手妈妈睡前可以泡泡脚、听听舒缓的音乐或看书来放松身心，将白天的烦恼暂时放一边，这样有利于改善睡眠。新手妈妈也不要将晚上起来喂奶和宝宝的哭闹看作是一种负担，而应尽量多感受与宝宝在一起的幸福感，消除不良情绪，使自己更易再次入眠。新手妈妈还可通过白天适当地锻炼来放松心情，便于晚上入睡，但锻炼的时间不宜太长。

改变不良饮食习惯

不少新手妈妈因为晚上要起来喂奶，担心晚上有饥饿感，因而晚餐会吃得很多，甚至到了睡前还在进食，这种饮食习惯对睡眠极为不利。一般来说，新手妈妈吃晚饭不宜过饱，睡前两个小时不宜进食，否则会影响消化系统的正常工作，还要忌茶、咖啡等含有咖啡因的饮料，以免影响入睡。睡前可以喝一杯温牛奶或蜂蜜水，促进睡眠。

午睡时间不宜过长

新手妈妈每天都必须保证 8~9 小时的睡眠时间，而且睡眠质量要高，如果午睡时间过长，就会影响晚上的睡眠，导致晚上入睡困难，白天没精神。有失眠症状的新手妈妈应缩短午睡的时间，且午睡的时间不宜太晚。

金牌调养餐推荐

菊花粥

原料

大米200克，菊花7克

做法

1 砂锅中注入适量清水，用大火烧热，倒入洗净的大米，搅匀。
2 加盖，烧开后转小火煮40分钟。
3 揭开锅盖，倒入备好的菊花，略煮一会儿，搅拌均匀。
4 关火后将煮好的粥盛出，装碗即可。

| 调 | 理 | 功 | 效 |

菊花具有柔和的舒眠的作用，适量食用菊花粥可帮助产后失眠者凝神静气、缓解失眠。

百合大枣乌龟汤

原料 乌龟肉300克，大枣15克，百合20克，姜片、葱段各少许

调料 盐、鸡粉各2克，料酒5毫升

做法

1 锅中注入适量清水烧开，倒入洗净的乌龟肉，淋入料酒，略煮一会儿，汆去血水，捞出，沥干水分，放凉，剥去乌龟的外壳，待用。

2 砂锅中注入适量清水，用大火烧热，倒入备好的大枣、姜片、葱段、乌龟肉，盖上盖，烧开后转小火煮90分钟。

3 揭开盖，倒入洗净的百合，再盖上盖，用小火续煮30分钟至食材熟透。

4 揭开盖，加入盐、鸡粉，搅拌均匀，至食材入味，关火后将煮好的汤料盛出，装入碗中即可。

调理功效

大枣中含有丰富的蛋白质、维生素C、钙等营养成分，有补脾安神的作用。搭配百合、乌龟煮汤，有清热除烦、促进睡眠的作用。

扫一扫二维码
视频同步学美味

扫一扫二维码
视频同步学美味

红豆牛奶莲子甜品

原料 红豆沙、水发莲子各30克，牛奶250毫升

做法

1 热锅注水煮沸，放入莲子，盖上盖子，转小火煮20分钟。

2 待莲子煮熟后，注入牛奶、红豆沙，搅拌均匀，煮开。

3 关火，将甜品盛入备好的杯中即可。

调理功效

莲子可以强心安神，牛奶对治疗失眠有一定的辅助作用，两者与红豆同煮可改善产后体虚者失眠的症状。

大枣蜂蜜柚子茶

原料 柚子皮90克，柚子肉110克，大枣适量

调料 蜂蜜30克，冰糖80克，盐3克

做法

1 备好的柚子皮切成丝。

2 将柚子皮丝装碗，撒上盐，搅拌均匀，腌渍30分钟，将腌渍出的汁水倒出。

3 砂锅底部铺上一层柚子皮丝、柚子肉、大枣、冰糖。

4 注入适量的清水至没过食材，盖上盖，大火煮开后转小火煮15分钟。

5 掀开锅盖，将煮好的柚子茶盛入碗中，倒入备好的蜂蜜，搅拌均匀即可。

扫一扫二维码
视频同步学美味

|调|理|功|效|

蜂蜜有补中益气、安五脏、和百药的功效，要想睡得好，常喝大枣蜂蜜柚子茶可以起到很好的作用。

产后贫血

孕期贫血或生产时失血过多，还有产后出血都可能引起产后贫血，为了不使原有的贫血加重，产后在饮食上要尤为注意，多吃含铁和补血的食物，并积极采取防护措施，以免因贫血引发产褥期感染和发热等症。

日常调养与护理

贫血会降低新手妈妈的身体抵抗力，减缓身体恢复的速度，使乳汁营养不足，无法满足宝宝的生长需要，这对新手妈妈和宝宝均可造成不良影响。因此要及时进行饮食和生活调养。

摄取有补血功效的食物

除了吃含铁元素丰富的食物外，新手妈妈的饮食一定要均衡，因为补血需要多种营养素，如蛋白质、钙、维生素C、维生素B_{12}、叶酸等可以促进人体对铁的吸收，蛋白质还是人体血红蛋白所必需的物质，含有这些营养素的食物对产后新手妈妈的贫血症状具有良好的调养作用。为了使摄入的营养素被更好地吸收，新手妈妈不宜饮茶和吃能阻碍铁元素被吸收的食物。

家人要贴心照顾新手妈妈

产后贫血的新手妈妈身边应该随时有人照顾，因为贫血可能使新手妈妈眩晕而跌倒或感到不适。家人应该在饮食和生活方面给新手妈妈提供更多的细心照护，让她的身体能尽快恢复。如果产后贫血持续时间较长，家人应及时带新手妈妈去咨询医生，根据情况进行治疗。

严重者可输血

产后新手妈妈如果出血过多，应经过医生的检查后，根据情况的严重程度进行输血，以补充体内血液的流失，这样可以减轻产前就患有的贫血的症状，避免因出血过多而造成危险。

不宜太操劳

在坐月子期间，新手妈妈主要的任务就是好好休养，养足精力，增强体质，因此不宜太过操劳。当因贫血而引发晕眩等现象时应立即躺下来休息，以免跌倒。

菠菜炒鸡蛋

原料 菠菜65克，鸡蛋2个，彩椒10克

调料 盐、鸡粉各2克，食用油适量

|调|理|功|效|

菠菜和鸡蛋都富含铁元素，鸡蛋还含丰富的蛋白质，有助于铁元素被人体更好地吸收，改善新手妈妈贫血的症状，增强免疫力，还可通过母乳喂养，促进宝宝的大脑发育。

做法

1 洗净的彩椒切开，去子，切条形，再切成丁；洗好的菠菜切成粒。
2 鸡蛋打入碗中，加入盐、鸡粉，搅匀打散，制成蛋液，待用。
3 用油起锅，倒入蛋液，翻炒均匀，加入彩椒，翻炒匀。
4 倒入菠菜粒，炒至食材熟软。
5 关火后盛出炒好的菜肴，装入盘中即可。

桂圆养血汤

原料 桂圆肉30克，鸡蛋1个

调料 红糖35克

做法

1. 将鸡蛋打入碗中，搅散。
2. 砂锅中注入适量清水烧开，倒入桂圆肉，搅拌一下；盖上盖，用小火煮约20分钟，至桂圆肉熟。
3. 揭盖，加入红糖，搅拌均匀，倒入鸡蛋，边倒边搅拌。继续煮约1分钟，至汤入味。
4. 关火后盛出煮好的汤，装在碗中即可。

| 调 | 理 | 功 | 效 |

桂圆富含葡萄糖、蔗糖和蛋白质等，含铁量也比较高，可在提高热能、补充营养的同时促进血红蛋白再生，从而达到补血的效果。

扫一扫二维码
视频同步学美味

扫一扫二维码
视频同步学美味

猪血豆腐青菜汤

原料 猪血300克，豆腐270克，生菜30克，虾皮、姜片、葱花各少许

调料 盐、鸡粉各2克，胡椒粉、食用油各适量

|调|理|功|效|

本品口味清淡，适合月子期的新手妈妈食用，是理想的补血食品，还能延缓机体衰老，增强机体免疫力。

做法

1 豆腐切成条，改切成小方块；猪血切成条状，改切成小块，备用。
2 锅中注入适量清水烧开，倒入备好的虾皮、姜片，再倒入切好的豆腐、猪血，加入盐、鸡粉，搅拌均匀，盖上锅盖，用大火煮2分钟。
3 揭开锅盖，淋入少许食用油，放入洗净的生菜，拌匀，撒入适量胡椒粉，搅拌均匀，至食材入味。
4 关火后盛出煮好的汤料，装入碗中，撒上葱花即可。

香菇木耳焖饭

原料 水发香菇100克，水发大米180克，水发木耳90克，去皮胡萝卜30克，葱段、蒜末各少许

调料 盐、鸡粉各1克，生抽、水淀粉各5毫升，食用油适量

做法

1 泡好的香菇去蒂，切小块；泡好的木耳切小块；胡萝卜切片，待用。

2 用油起锅，倒入葱段、蒜末，爆香，倒入香菇块，放入木耳块，翻炒数下。

3 倒入胡萝卜片，翻炒均匀，加入生抽，炒匀。

4 注入约100毫升的清水，搅匀，加入盐、鸡粉，炒匀调味，用水淀粉勾芡，关火后盛出食材，装盘待用。

5 砂锅置火上，注水烧热，倒入泡好的大米，加盖，用大火煮开后转小火焖20分钟，揭盖，倒入炒好的食材。加盖，续焖5分钟至水分收干。

6 揭盖，关火后盛出焖饭，装碗即可。

扫一扫二维码
视频同步学美味

|调|理|功|效|

本品可为新手妈妈补充优质的蛋白质，促进铁元素的吸收，达到补血的效果，还可增强人体免疫力，增进食欲，具有增强机体新陈代谢的能力。

产后乳腺炎

产后乳腺炎是产褥期常见的一种疾病，多为急性乳腺炎，常发生于产后3～4周的哺乳期妇女，所以又被称为哺乳期乳腺炎。该病多发于初产妇，一旦发病，将会给新手妈妈带来极大的痛苦。

日常调养与护理

产后乳腺炎不仅会妨碍母乳喂养，还会影响新手妈妈的身体健康。新手妈妈在产后应积极做好乳房的护理和身体的调养，防治乳腺炎。

做好乳头的清洁和护理

产后新手妈妈在每次哺乳之前，应用温开水将乳头、乳晕擦洗干净，保持皮肤干爽、卫生，哺乳之后，也要及时清洁乳头和乳晕。当乳头有皲裂时，可以擦点儿橄榄油，若乳头皲裂情况较为严重时，应暂停哺乳，并用吸奶器挤出乳汁哺喂宝宝。

穿戴合适的胸罩

新手妈妈应购买合适的胸罩穿戴，最好选择透气性和吸汗性好的纯棉布料，并尽量避免戴有钢托的胸罩，以免挤压乳腺管，造成局部乳汁淤积。哺乳的新手妈妈可以选择专用的哺乳胸罩，并做到勤更换。

正确哺乳

新手妈妈在哺乳时，应采取坐式或半坐式，让宝宝将乳头和整个乳晕一起含入口中，以免造成乳头皲裂，诱发感染；左右两侧的乳房要平均分配喂奶量，每次喂奶时让宝宝尽量吸空乳汁，如果没有吸完，可以轻轻按摩将乳汁挤出，或者用吸奶器吸出，以免局部乳汁淤积而引发炎症。另外，也不要让宝宝养成含着乳头睡觉的坏习惯，否则易造成咬乳头和用力吸吮，使乳头受伤而诱发感染。

丝瓜炒山药

原料 丝瓜120克，山药100克，枸杞10克，蒜末、葱段各少许

调料 盐3克，鸡粉2克，水淀粉5毫升，食用油适量

|调|理|功|效|

山药和丝瓜都是清热解毒的家常食材，两者搭配炒制，口味清淡而富有营养，能减轻新手妈妈产后乳腺的炎症。

做法

1 将洗净的丝瓜对半切开，切成小块；洗净去皮的山药切成片。

2 锅中注水烧开，加入食用油、盐、山药片，搅匀，撒上洗净的枸杞，略煮片刻。

3 倒入切好的丝瓜，搅拌匀，煮约半分钟，至食材断生后捞出，沥干水分，待用。

4 用油起锅，放入蒜末、葱段，爆香，倒入焯过水的食材，翻炒匀。

5 加入少许鸡粉、盐，炒匀调味。

6 淋入水淀粉，快速炒匀，至食材熟透。

7 关火后盛出炒好的食材，装入盘中即成。

扫一扫二维码
视频同步学美味

清炒红薯叶

原料　红薯叶350克

调料　盐、味精、食用油各适量

做法

1 从洗净的红薯藤上摘下红薯叶。
2 炒锅注入适量食用油，烧热。
3 放入红薯叶，翻炒均匀。
4 加盐、味精，翻炒至入味。
5 淋上少许熟油炒匀。
6 盛入盘中即成。

|调|理|功|效|

红薯叶的营养非常丰富，拿来清炒，对产后乳腺炎有很好的食疗作用，产后新手妈妈经常食用，还能预防便秘、保护视力、延缓衰老。

土豆黄瓜饼

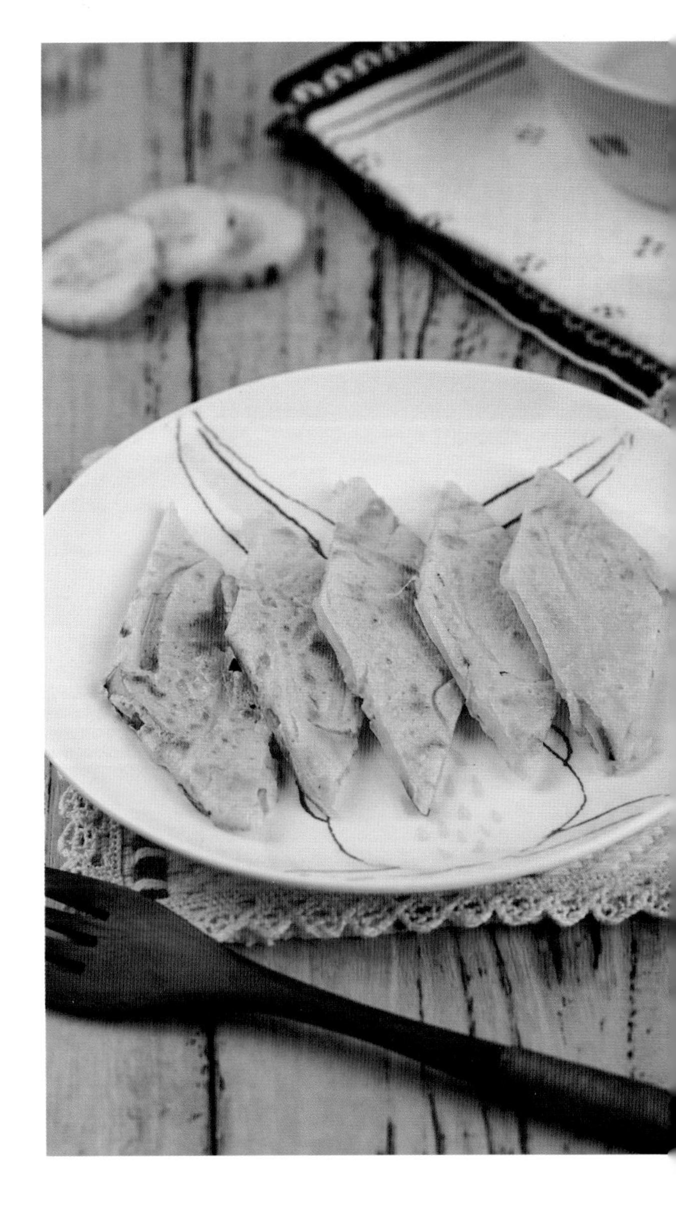

原料 土豆250克，黄瓜200克，小麦面粉150克

调料 生抽5毫升，盐、鸡粉、食用油各适量

做法

1 洗净去皮的土豆切成丝，洗净的黄瓜切成丝。
2 取个大碗，倒入小麦面粉、黄瓜丝、土豆丝。
3 注入适量的清水，搅拌均匀，制成面糊。
4 加入少许生抽、盐、鸡粉，搅匀调味。
5 热锅注油烧热，倒入制好的面糊。
6 烙制面饼，煎出焦香，翻面，将面饼煎至熟透，两面呈现金黄色。
7 将饼盛出放凉，切成菱形状，装入盘中即可。

扫一扫二维码
视频同步学美味

|调|理|功|效|

土豆含有维生素C、B族维生素、铁等成分，能增强新手妈妈的免疫力，搭配黄瓜制成饼，更易于消化，可帮助产后乳腺炎的新手妈妈排毒消炎。

扫一扫二维码
视频同步学美味

玉竹炒藕片

原料 莲藕270克，胡萝卜80克，玉竹10克，姜丝、葱丝各少许

调料 盐、鸡粉各2克，水淀粉、食用油各适量

做法

1 洗净的玉竹切细丝，洗好去皮的胡萝卜切细丝，洗净去皮的莲藕切片。
2 锅中注入适量清水烧开，倒入藕片，拌匀，煮至断生，捞出沥干，待用。
3 用油起锅，倒入姜丝、葱丝，爆香。
4 放入玉竹，炒匀，倒入胡萝卜，炒匀炒透。
5 放入焯过水的藕片，用大火炒匀。
6 加入盐、鸡粉，倒入水淀粉，炒匀调味。
7 关火后盛出炒好的菜肴即可。

| 调 | 理 | 功 | 效 |

莲藕含有蛋白质、B族维生素、维生素C、钙、磷、铁等营养成分，具有清热凉血、补益气血、增强免疫力等功效，搭配玉竹，滋阴消炎，适合产后乳腺炎患者食用。

猪大骨海带汤

原料 猪大骨1000克，海带结120克，姜片少许

调料 盐、鸡粉、白胡椒粉各2克

做法

1. 锅中注水大火烧开，倒入猪大骨，搅匀，汆去杂质，捞出，沥干水分，待用。
2. 摆上电火锅，倒入猪大骨，放入海带结、姜片，注入适量的清水，搅匀。
3. 加盖，调旋钮至高档，煮沸后，调旋钮至中低档，煮100分钟；揭盖，加入盐、鸡粉、白胡椒粉，搅拌片刻，煮至食材入味。
4. 切断电源后将汤盛出装入碗中即可。

扫一扫二维码
视频同步学美味

|调|理|功|效|

海带具有软坚散结的作用，搭配猪大骨炖汤，尤其适合产后乳腺炎成脓期的新手妈妈食用，可以有效帮助消除炎症。

产后腹痛

无论是自然生产还是剖宫产，新手妈妈产后都可能因子宫收缩引起宫缩痛，这是一种正常的生理现象，一般产后一周内就会消失。如果产后腹痛超过一周，并为连续性腹痛，伴有恶露量多、呈暗红色、多血块、有臭味等，就应该就医，可能是妇科炎症引起的。此外，新手妈妈产后气血瘀滞也会引起腹痛。

日常调养与护理

对于身体虚弱引起的腹痛，可通过饮食调理起到较好的缓解作用；坐月子过程中不注意调养造成的腹痛，需要通过加强对身体的护理来治疗。

热敷、按摩腹部

发生腹痛时，可以用热毛巾或暖水袋热敷于疼痛处，能有效缓解症状。也可以将手搓热后按摩下腹部，具体方法：双手掌心向下，先从心脏下方往肚脐处推，在肚脐周围顺时针方向揉按3圈，再向下推至耻骨联合上方，再顺时针方向揉按3圈，最后将热手放于痛处片刻即可。重复上述动作，但圆圈按摩方向与前次相反，可重复10次。这些方法有利于促进子宫收缩和恶露排出，但需注意热敷和按摩应在产后第二天以后再进行。

经常变换体位

新手妈妈不宜长时间保持一种姿势不动，长时间站立、蹲着、坐着或躺着，都容易使新手妈妈盆腔内瘀血，可能引发盆腔炎。新手妈妈在日常生活中应不时调整活动姿势，睡觉时多翻身，并适当地锻炼，帮助气血流动，以防体内气血瘀滞。

注意防风保暖

产后不要受风寒，即便在室内也要保护好腰腹部不受寒风侵袭，尤其是要保护好下腹部，裤腰应能盖住肚脐。室内通风时，新手妈妈应多穿衣物，因为产后抵抗力下降，比平时更容易患感冒等疾病。睡觉时可以在腹部加盖一条毛毯，洗浴时水温不可过低，以免腹部受凉，加重疼痛感。

保持乐观的心态

家人不要让新手妈妈受精神刺激，新手妈妈应乐观开朗地对待生活，不要乱发脾气，否则也容易导致气血瘀滞，加重腹痛症状。

金牌调养餐推荐

陈皮姜汁玉米粥

原料　大米 200 克，玉米粉 30 克，姜汁 15 毫升，陈皮 10 克

调料　盐2克

做法

1 砂锅中注入适量的清水，大火烧开。
2 倒入大米，倒入姜汁，将陈皮剪成丝放入锅中。
3 加盖，煮开后转小火煮30分钟。
4 在玉米粉里加入水，搅匀制成面糊。
5 掀开锅盖，加入盐，倒入面糊，搅拌片刻。
6 将煮好的粥盛出装入碗中即可。

|调|理|功|效|

本品具有健脾和疏通气血的作用，可防止因气血瘀滞而加重的腹痛症状，并能促进恶露的排出，让腹痛症状及早消失。

扫一扫二维码
视频同步学美味

清汤羊肉

原料 羊排肉480克，葱段10克，香菜碎5克，生姜片20克

调料 盐、胡椒粉各3克，料酒3毫升

做法

1 热锅注水煮沸，放入羊排肉，汆2分钟，去除血水，捞起，放到盘中，备用。
2 热锅注水煮沸，放入姜片、葱段、料酒、盐，搅匀，放入羊排肉，煮沸，转小火，搅动一会儿，加盖，煮1个小时。
3 揭盖，捞出羊排肉，装盘。
4 戴上手套，将羊排肉的骨头和肉分离，取出骨头，待用。
5 将羊骨放入汤中，盖上锅盖，转小火煮30分钟。
6 揭盖，放入胡椒粉，调味。
7 关火，将煮好的菜肴盛至备好的碗中，撒上香菜碎即可。

|调|理|功|效|

羊肉对改善新手妈妈体质虚寒、营养不良，缓解腹痛都具有很大作用，冬天吃羊肉还可以促进血液循环，增加人体热量，帮助消化。

灯影苹果脆

原料 苹果 250 克，柠檬汁 20 毫升

做法

1 苹果对半切开，去核，切薄片，将柠檬汁倒入盛有凉开水的碗中，搅拌均匀，放入苹果片，浸泡15分钟。

2 将浸泡好的苹果片放在备好的烤盘上。

3 将烤盘放入烤箱，温度设置为120℃，调上、下火加热，烤约2小时。

4 打开烤箱，将烤盘取出，将苹果肉放入备好的盘中即可。

扫一扫二维码
视频同步学美味

调理功效

苹果具有润肺养胃的作用，可促进食欲，改善肠胃功能，烤箱加热过的苹果，还可减轻腹部因受寒引起的疼痛。

产后水肿

孕期因子宫变大压迫下肢静脉回流，而影响血液循环产生的水肿，会一直持续到产后。有些新手妈妈在产后因内分泌还未回归正常，使身体代谢水分的功能变差，进而引起水肿。产后水肿如果持续时间长会危害新手妈妈身体健康，还可引发其他疾病。

日常调养与护理

在调养过程中，新手妈妈应强化脏腑功能，尽量去除身体多余水分，在身体条件允许的情况下，尽早下床活动，以减轻水肿。

坚持低盐低脂饮食

产后水肿的新手妈妈为使体内多余水分能顺利排出去，饮食宜清淡，食物中少放盐，不宜吃腊肉、咸鱼、咸菜等食物，因为盐分过多会使体液浓度增加，水分难以排出体外，从而加重水肿症状。同时，还应控制脂肪的摄入，不可过量，产后也不宜立即大补，否则会加重肾脏的负担而引发水肿。症状出现后，新手妈妈可以吃一些利水消肿的食物，如薏米、红豆、鲤鱼、海带等，这些食物可以补肾活血，与其他营养食物搭配还可起到提高身体抵抗力的作用。

保证睡眠质量

良好的睡眠对预防产后水肿和消除水肿均有很好的作用。患有产后水肿的新手妈妈，晚上睡觉之前可用热水泡脚，睡时把脚垫高些，宜采取左侧卧位睡。睡前不宜大量饮水，以免夜间尿频，影响睡眠和加重水肿。除每晚都要保证睡眠时间充足外，每天也要适当午休，养足精力才能更好地恢复身体。

适量活动

新手妈妈月子期要经常下床活动，做些轻松的家务或散步，久坐或长时间躺着都会阻碍血液循环，加重水肿症状。坐下休息时，可适当抬高腿部，在腿部垫一个枕头或者小凳子，有利于缓解水肿。活动时，应避免体力劳动，以防止子宫脱垂。

冬瓜鲤鱼汤

原料 鲤鱼350克，去皮冬瓜300克，香葱1根，黄酒5毫升，姜片、大葱段各少许

调料 盐3克，胡椒粉2克，料酒10毫升，食用油适量

做法

1. 冬瓜去瓤，切片；香葱切粒。
2. 鲤鱼两面各切上几道一字花刀，装盘，两面各撒上1克盐，抹匀，两面各淋上5毫升料酒，腌渍10分钟至祛腥提味。
3. 用油起锅，放入腌好的鲤鱼，煎约1分钟，中途需翻面，放入大葱段、姜片。
4. 注入约400毫升清水至将要没过鲤鱼，倒入黄酒，放入切好的冬瓜片，将冬瓜片搅匀，使其浸入汤中。
5. 加盖，用大火煮开后续煮8分钟至食材熟软；揭盖，加入余下的盐、胡椒粉，搅匀调味。
6. 关火后将汤汁和食材装盘，撒上葱粒即可。

|调|理|功|效|

本品可清热解毒、补脾健胃，且利水消肿的功效尤为明显，可有效排出新手妈妈体内多余的水分，消除水肿。

鲜香菇烩丝瓜

原料 丝瓜250克，香菇15克，姜片少许

调料 盐1克，水淀粉、芝麻油各5毫升，食用油适量

做法

1. 洗净的丝瓜切成两段，去皮，每段再对半切开，斜刀切成小段，改刀切片；备好的姜片切条，切粒；洗好的香菇去柄，切片，待用。
2. 沸水锅中倒入切好的香菇片、丝瓜片，汆约1分钟至食材断生，捞出，沥干水分，装盘待用。
3. 用油起锅，放入切好的姜粒，爆香，倒入汆好的香菇片和丝瓜片，翻炒数下，注入清水至没过锅底，搅匀，加入盐，拌匀调味。
4. 用水淀粉勾芡，淋入芝麻油，炒匀提香，关火后盛出装盘即可。

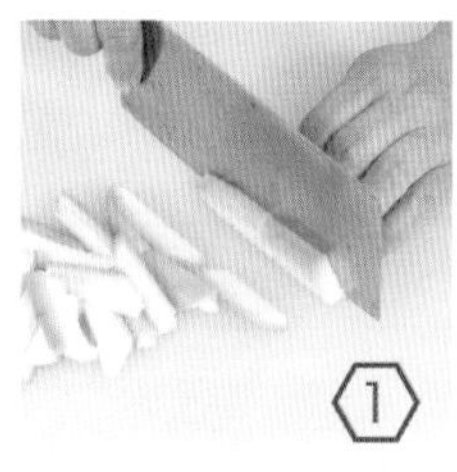

|调|理|功|效|

本菜可以促进体内毒素和多余水分的排出，达到消肿的作用，患有水肿的新手妈妈在月子期食用，还可增强抗病能力，防止疾病侵袭。

扫一扫二维码
视频同步学美味

慈姑蔬菜汤

原料 慈姑150克，南瓜180克，西红柿100克，大白菜200克，葱花少许

调料 盐、鸡粉各2克，鸡汁、食用油各适量

做法

1 洗好的西红柿去蒂，切块；洗净的大白菜切块；洗净去皮的南瓜切片；洗好的慈姑去蒂，切片。

2 锅中注入适量清水烧开，放入食用油、盐、鸡粉，倒入切好的慈姑、南瓜、白菜、西红柿，拌匀。

3 盖上盖，用中火煮4分钟，至食材熟透；揭开盖，倒入鸡汁，拌匀。

4 关火后将煮好的汤料盛出，装入碗中，撒上葱花即可。

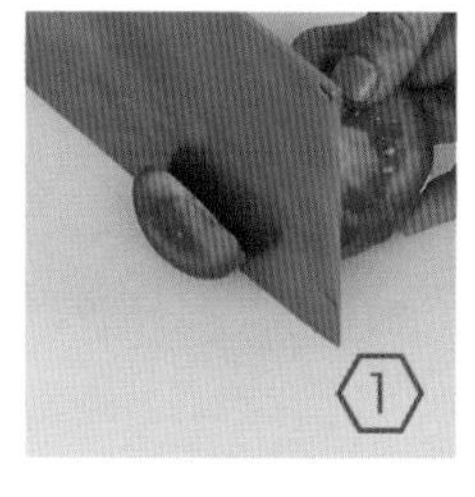

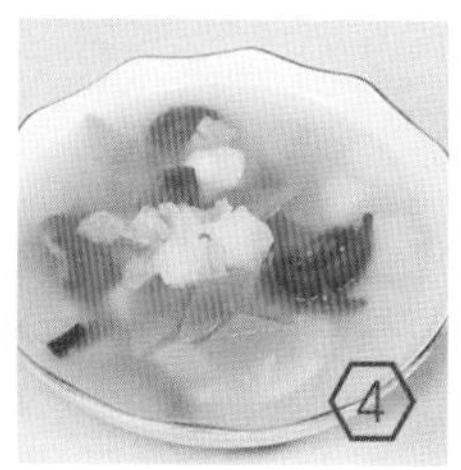

调理功效

南瓜含有较多的维生素、钙、磷等营养成分，搭配白菜和西红柿等食材煮汤，适合产后患有水肿的新手妈妈食用，能促进体内多余水分的排出。

扫一扫二维码
视频同步学美味

扫一扫二维码
视频同步学美味

红豆薏米银耳糖水

原料 水发薏米30克，水发红豆20克，水发银耳40克，去皮胡萝卜50克

调料 冰糖30克

|调|理|功|效|

本品爽口解腻，其中的食材都是消除水肿的佳品，可增强身体免疫力、促进新陈代谢、增进健康，还具有美容养颜的作用。

做法

1 银耳切去黄色的根部，改切成碎；胡萝卜切片，切成细条，改切成丁。

2 往焖烧罐中倒入薏米、红豆、胡萝卜丁、银耳，注入煮沸的清水至八分满。

3 旋紧盖子，摇晃片刻，静置1分钟，使得食材和焖烧罐充分预热。

4 揭盖，将开水倒入备好的碗中，接着往焖烧罐中倒入冰糖。

5 再次注入刚煮沸的清水至八分满，旋紧盖子，焖3个小时。

6 揭盖，将焖好的糖水盛入碗中即可。